科学家给孩子的
12 封信

探秘地球之巅

高登义　著

中国大百科全书出版社

图书在版编目（CIP）数据

探秘地球之巅 / 高登义著. — 北京：中国大百科
全书出版社，2021.10
（科学家给孩子的12封信）
ISBN 978-7-5202-1036-2

Ⅰ. ①探… Ⅱ. ①高… Ⅲ. ①极地－科学考察②青藏
高原－科学考察 Ⅳ. ①N816.6②N827

中国版本图书馆CIP数据核字(2021)第183401号

探秘地球之巅

出 版 人	刘国辉
策 划 人	刘金双　朱菱艳
责任编辑	杜乔楠　陈莎日娜
审　　稿	朱菱艳
插图绘制	郑若琪
设计制作	郑若琪
责任印制	邹景峰

出版发行　中国大百科全书出版社有限公司
　　　　　（北京市阜成门北大街17号　邮编：100037　电话：010-88390759）
印　　刷　北京市十月印刷有限公司
开　　本　880mm×1230mm　1/32　印　张　6.5
版　　次　2021年10月第1版　　印　次　2023年6月第6次印刷
字　　数　85千　　书　号　ISBN 978-7-5202-1036-2
定　　价　35.00元

吃饭，上课，睡觉，

生活被平凡琐事环绕。

偶尔，也想逃离日常轨道，

去往世界的尽头，

吹响别样的青春号角。

北极，南极，青藏高原，

充满大自然纯粹的味道：

绚烂的极光诉说古老神话，

壮丽的冰塔林低语千年密码，

缝隙中绽放生命之花。

每个足印都书写着毅力、智慧、坚忍不拔。

来跟随前辈们的步伐，

走进地球之巅，

将一腔热血挥洒，

让科学之梦生根发芽！

目录

走进地球之巅

地球之巅，即为地球的顶端，包括地球的最北端北极、最南端南极和最高端青藏高原。这三大极区环境恶劣，气候严酷，却吸引着一代代人前去探险和考察。如果你也对它们充满遐想和向往，咱们这就出发，去看看地球之巅究竟有何"魔力"。

地球第三极

1980 年以前，世界上的科学家仅仅认识到地球有两极：北极和南极。而青藏高原还没有为科学家所认识，更没有人意识到青藏高原是与北极、南极同等重要的地球第三极，也就是地球的最高极。那么青藏高原是如何从"小透明"变成"三巨头"之一的呢？

1980 年 5 月 25 日～6 月 1 日，中国科学院在北京科学会堂举行了一次规模宏大的国际科学讨论会——北京国际青藏高原科学讨论会，邀请了从事青藏高原科学研究的 80 名国际著名科学家（来自 18 个国家）和 160 名中国科学家参加。我作为中国大气物理学家代表、大气物理学组的学术秘书，参加了这次国际科学讨论会，并且是 4 名大会发言者之一。

在开幕式上，大会主席、中国科学院副院长钱三强先生在报告中提出："青藏高原是世界屋脊，是地球上最高大、最'年轻'的高原。"在 8 天的科学讨论中，中国科学家也多次强调：

"青藏高原不仅是地球的最高极，而且对全球气候环境变化有重大的影响。"这次国际科学讨论会不仅传播了中国科学家在青藏高原科学研究方面的科学成果，拓宽了青藏高原科学考察研究的国际合作道路，而且提出了"青藏高原是地球的最高极"的观点，希望世界科学家"把青藏高原与地球的北极、南极放到一起，共同研究北极、南极和青藏高原对于全球气候环境的影响"。

在这次国际科学讨论会后，世界上的地理学家、地质学家、生物学家等逐渐认识到了青藏高原是地球的第三极，地位非常重要。

三极
名片

青藏高原

位置：北纬 25°～40°、东经 74°～104°

面积：约 250 万平方千米

海拔：3500 米以上

山脉：喜马拉雅山脉、唐古拉山脉等

难忘的科考记忆

1966～2019 年，由于国家科学考察研究任务的需要，我曾经 28 次赴青藏高原、19 次赴北极、3 次赴南极进行科学考察。我在完成国家科学考察研究任务的同时，深深地被地球三极神秘的自然之美所吸引。直到现在，我的脑海中仍然常常浮现出一幅幅神秘的大自然画卷，铭刻着人与其他生物和谐共存的美好情景，闪现着那些考察过程中险象环生的场面……

1966 年 2 月，我第一次参加中国科学院组织的科学考察队，来到了世界第一高峰珠穆朗玛峰的北坡大本营绒布寺。珠峰被藏族同胞尊称为"第三女神"，美丽的"第三女神"庄严肃穆，东侧山腰上的绒布寺则是她的神圣"护卫"。那高耸入云的神峰与峰顶附近变幻莫测的旗云组成了一幅幅壮丽的画卷：旗云有时随风飘荡，宛如万马奔腾；有时缓缓上扬，宛如少女的秀发被风吹起；有时扶摇直上，酷似农家屋顶的炊烟袅袅升起；有时淡淡展开，像轻轻飘动的面纱……这些都给我留

旗云随风飘荡

旗云缓缓上扬

旗云扶摇直上

旗云淡淡展开

下了深刻的印象。

我欣赏旗云、赞美旗云，更好奇其中的科学原理。我冥思苦索：旗云为何会出现诸多奇特的变化？旗云的变化有什么科学意义？这与珠峰的天气又有什么关系？问题一个接一个，填充了我的大脑。

经过八个春秋的科学考察和多次攀登珠峰时的天气预报实践，我撰写了《珠穆朗玛峰旗云的成因》《珠穆朗玛峰旗云变化与攀登珠峰短期天气预报》等科学论文，诠释了珠峰旗云形成的原因，为攀登珠峰前 1～2 天的天气预报提供了一种科学根据。

绒布寺是世界上海拔最高的寺庙

　　1984～2005 年，我又三次赴南极进行科学考察。人迹罕至的南极更给我留下刻骨铭心的记忆。为了拍摄考察船航行时溅起水花而形成的彩虹，我静卧在船舷一个多小时；为了观测与拍摄南极的日出，我独自一人三次在考察船的船舷孤独地渴盼几个小时，最终如愿以偿；为了拍摄考察船在惊涛骇浪中颠簸前进的场景，我在指挥台上一手紧紧抓住栏杆，一手举起相机拍照，留下了难得的浪花卷进前甲板的照片……那多次等待、观测、拍摄的过程比最后取得的成果更令人难忘。

带孩子们去北极

1991～2014 年，我 19 次赴北极进行考察，其中 9 次为科学考察，10 次为科普考察。所谓科普考察，是由科学家和中学老师带领高中生，在北极进行实习科学考察，让学生学习在野外采集科学样品，在实验室分析样品，在科学家指导下撰写科学论文。

我还记得，有一次我带领北京四中高二的学生和老师们攀登了两个多小时，终于登上朗伊尔宾一号冰川，当时我和孩子

三极名片

北极地区

位　　置：北极圈（北纬 66°33′）以北
面　　积：约 2100 万平方千米
最低气温：-70℃
海　　洋：北冰洋

我和孩子们登上了郎伊尔宾一号冰川的中部

们同样欣喜。我告诉孩子们如何采集被冰川运动推出的化石，孩子们好奇地趴在地上，用手翻动冰川运动推出的石头，耐心、仔细地寻找化石。经过一次又·次失败，终于第一次采集到了植物种子化石时，孩子们兴奋得手舞足蹈，这也深深感染了我。我们共同度过了一段美好的时光。

我们一起采集植物标本，采集并分析冰雪样品，拍摄日出和日落，抓拍海湾中的巨鲸，追访因纽特人，观察北极熊……孩子们的科研兴趣和学习能力令人惊讶。孩子们不仅领略了极致风景，更体会到科研的艰辛与严谨、取得成果后的自豪与喜悦，想必这对于他们来说也是一笔可贵的人生财富。

〉 地球之巅的影响

近几十年来，中国科学家逐渐走进地球三极进行科学考察，逐渐认识地球三极的科学奥秘，逐渐了解地球三极与全球，特别是与中国气候和环境变化的关系，为中国科学事业开辟了一条新的道路。你可别觉得这些"大事"离你很远，其实，它们也会影响到你的生活。

你家乡的降雨情况可能与青藏高原冬季积雪有关。青藏高原主要位于中国境内，包括西藏自治区、青海省以及新疆维吾尔自治区、甘肃省、四川省、云南省等部分地区，地理位置为东经 70°~104°、北纬 26°~40°，平均海拔约 4500 米，面积约 250 万平方千米。

青藏高原终年积雪，积雪高度可达海拔 4000~8000 米。中国大气科学家观测研究表明，青藏高原冬季积雪面积和厚度的变化会影响翌年初夏中国降水的分布：当青藏高原冬季积雪厚且面积大时，翌年 6 月中国降水主要分布在长江流域南侧；

当青藏高原冬季积雪薄且面积小时，翌年 6 月中国降水主要分布在黄淮流域。6 月降水分布差异巨大的年份，会产生局部旱灾或涝灾，对中国国民经济有相当大的影响。

南极、北极冰雪分布变化与中国气候关系也相当密切。你在课堂上也许学过，水在结冰过程中，会释放热量给大气，这种加热称为凝结潜热。南极的冬季，如果积冰厚且面积大，那么它在结冰过程中释放给大气的热量就多；反之，释放给大气的热量就少。

为了说明南极（或北极）冬季海冰面积变化对于南极（或北极）上空气温的影响，我在 1997 年出版的科普书《极地探险》中，以历史上南极冬季海冰面积变化最大的两年为例，计算了南极冬季海冰面积的巨大差异对南极上空气温的影响。1974 年南极冬季海冰面积最小，1977 年南极冬季海冰面积最大，两者相差约 400 万平方千米。计算表明，1977 年冬季，南极海冰在形成（凝结）过程中，释放给大气的热量比 1974 年多出 13.35×10^{1020} 焦耳，若以其加热 3400 万平方千米上海拔 16.5 千米以下的大气，可使整层大气升温 4.3℃，即 1977 年冬季南极海冰结冰过程中释放出的热量，可使当年整层大气的温度比 1974 年的温度高出 4.3℃。

上述不同的加热状况，的确在相应的气压和温度场上有所反映。所谓气压，就是作用在单位面积上的大气压力。气压的国际制单位是帕斯卡，简称帕（Pa）。气象学家常用百帕（hPa）或者千帕（kPa）作为气压单位。

1977 年 9 月，南半球海平面图上显示，在南极地区，海平面气压距平值（即与平均值的差）为负值，中心值达 −8 百帕，即海平面气压比常年低；在离地约 3000 米高度上，南极地区气温比常年高出 2℃ 以上。相反，1974 年 9 月，在南极地区，海平面气压比常年高出 2 百帕，在离地约 3000 米高度上，南极地区气温比常年低 2~8℃。

地球之巅的自然景观如此神奇，地球之巅与人类的关系如此密切，中国乃至世界的科学家多次走进地球之巅，用科学的方法揭开地球之巅的神秘面纱。那么，少年的你是否已对地球之巅产生兴趣呢？如果你想跟随前辈的步伐，走进南极、北极和青藏高原，走进神奇的大自然，走进人与自然和谐共存的理想境地，去体验非同一般的科学人生，去享受大自然带来的无与伦比的乐趣，那就一起出发吧！

高智商的
北极熊

- 熊妈妈有『保镖』
- 『熊姐姐』太难了
- 强大的适应性
- 北极熊归还失物

你见过北极熊吗？北极熊是北极地区最大的陆地食肉动物。我们曾多次接近北极熊观察，发现它们很聪明，智商比较高，能够改变自己的生活习惯去适应气候环境的变化。但是，由于气候变暖、海洋污染和人类偷猎等原因，现在这些白色王国的"霸主"面临着严重的生存危机。

北极熊归还失物

2014 年 8 月 1 日，我们的考察船来到斯瓦尔巴群岛东北部。这天，晴空万里，在雪白的浮冰上，北极熊走来走去，吸引我们来到船舷拍照。除了北京的高中生们，考察队中还有来自中国科学院地质与地球科学研究所的研究员孙继敏。年轻热情的孙研究员平常深得同学们爱戴，同学们有什么问题都喜欢向他请教。

下午 1 时到 2 时，正好是午饭后，在考察船的船舷，同学们正在专心致志地拍照。一位男同学的相机遮光罩不慎掉下船舷，但他好像并不知道，继续拍照。一不小心，一位女同学的一只手套也掉下去了。

女同学走到孙研究员面前，见孙研究员正在拍照，便等他拍完照了才说："倒霉，我的手套掉下去了。"

"真的吗？在哪里？"孙研究员关心地问。

女同学拉着孙研究员紧靠护栏，告诉他手套掉落的方位。孙研究员也无可奈何，只能安慰女同学几句而已。

不久后，有趣的事情发生了。一头北极熊来到船下，它叼着相机遮光罩，高高抬头，仰望船上的人群，好像在问："这是谁的东西？"它竟然奇迹般地把男同学掉落的遮光罩找回来了！

同学们好奇地看着这头北极熊，纷纷惊叹："够哥们儿！"还有人向北极熊挥手示意。北极熊小心翼翼地把遮光罩放在雪地上，然后再抬起头，仿佛在问："这好好的，你们为什么不要啊？太浪费了。"北极熊好像不高兴，快速离开了。

正当大家疑虑的时候，北极熊又回来了，这次它嘴里含着一只漂亮的手套，略微抬头，仿佛不情愿地问船上的人们："这是谁的手套？"丢手套的女同学兴高采烈地频频向北极熊挥手，大概在表达谢意。

北极熊也许有些莫名其妙，不高兴地把那只手套放在雪地上，两只前爪用劲地踩着手套，高高抬头，仿佛在说："手套在我这儿，你们到底要不要啊？"

船上又是一阵喧哗，北极熊似乎难以理解人们的意思，丢下手套，匆匆离开了，一副生气的样子。

孙研究员将整个过程拍了下来。事后，他向我详细地回忆了这个过程，并把他拍摄的照片给我看。我仔细地按顺序欣赏他拍摄的照片，琢磨北极熊的细微动作，惊讶万分。你看，北极熊用前爪踩手套，却把遮光罩平放在雪面上，不去踩踏，我感觉它懂

雪白的浮冰上，北极熊悠然自得地走来走去，吸引大家围观。

嗖

这是谁的东西？

北极熊又找回了一只手套。

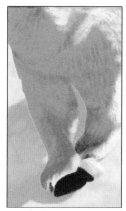

25

得手套与遮光罩的区别，更珍惜遮光罩。北极熊仿佛还懂得"助人为乐"，两次主动帮助我们找回丢失的东西。

　　看来北极熊的高智商不仅仅表现在它对于气候环境变化的适应性上。

三极
名片

北极熊

分类：食肉目熊科熊属

体长：1.9 ~ 2.6 米

食物：海豹、鱼、鸟卵、旅鼠等

分布：北极圈以内，加拿大、俄罗斯等地

〉强大的适应性

　　近百年来，北极熊的生存面临着来自大自然和人类的双重威胁。北极海冰面积逐渐减小，使北极熊捕猎成功率降低，甚至导致它们在海中觅食时找不到落脚的海冰而被淹死，这是来自大自然的威胁。20世纪80年代以前，人类肆意捕杀北极熊，有些国家至今一直大量捕杀北极海豹，导致北极熊的食物减少，还有人类偷猎和海洋污染等，这些是来自人类的威胁。

　　自从1973年美国、加拿大、丹麦、挪威、苏联五国签署《北极熊及生境养护国际协定》以来，人类对北极熊做出一定"让步"，这为北极熊继续生存提供了重要条件，但诸多危机仍旧使北极熊生存困难。

　　根据我多次赴北极的观察结果来看，目前北极熊处于积极改变自己的生活习惯、求得生存发展的阶段。

　　过去，北极熊主要以捕食海豹为生；而今，海豹数量不断减少，聪明的北极熊及时改变自己的捕食习惯，在捕食海豹的同时，尽可能地寻求其他食物。2010 年夏天，我们在斯瓦尔巴群岛发现北极熊大量捕食鱼类；2011 年，发现北极熊采食海带；2012 年，发现北极熊吃鸟蛋；2013 年，竟然发现北极熊在草地上吃草。北京电视台的工作人员还曾发现北极熊吃酸果、海螺等。

统计表明，截至 2019 年，北极熊的数量从 20 世纪 80 年代的 1.5 万头增加到了 2.5 万头左右。在面临生存威胁且无人帮助的情况下，北极熊的数量不减反增，它们强大的适应性令人惊叹！

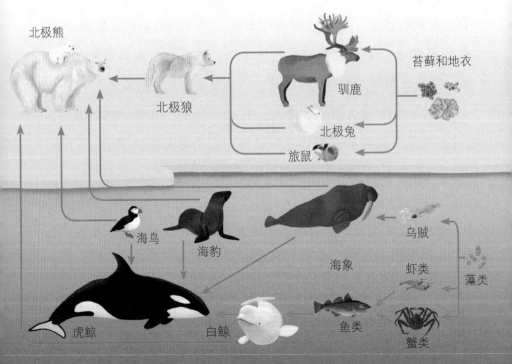

在北极生物食物网中，北极熊堪称陆上霸主。

"熊姐姐"太难了

2010 年 7 月 24 日下午，我们在斯匹次卑尔根岛的西北海岸线观察北极熊捕食鱼类。整个过程很有故事性，我们仿佛在看电视剧。

当地时间下午 3 时许，我们乘小橡皮艇进入一个海湾。驾驶员把船开向可能出现北极熊的海岸。

"强盗"海鸥企图"熊口夺食"

我们的运气不错，看见了两头雌北极熊来捕食，其中一头带着小宝宝，很显然它是熊妈妈。另一头没有带小宝宝，我们暂时称其"熊姐姐"。熊姐姐在捕食时非常不容易，因为海鸥会想尽办法从熊姐姐嘴里抢食。

你看，熊姐姐下水捕鱼了。它还没有开始捕鱼，两只海鸥就飞来，面对面地与熊姐姐"谈判"，仿佛在说："你要是抓到鱼，咱们都有份儿，怎么样?"看上去熊姐姐并没有把海鸥当回事。

可当熊姐姐刚刚抓到一条鱼，正要享用时，海鸥们便轮流飞来"截胡"，它们用长长的尖嘴凶猛地"熊口夺食"。熊姐姐无可奈何，只好张大嘴巴，尽快把鱼吞下去。过了一会儿，熊姐姐又抓到一条鱼，准备上岸，可能想把鱼留到晚上享用，但海鸥不依不饶，依旧猛追抢食。我们纷纷感慨，熊姐姐真是太难了!

＞ 熊妈妈有"保镖"

熊姐姐捕食真难，但熊妈妈捕食就不一样了，因为它有"保镖"。熊姐姐自愿充当熊妈妈的"保镖"，无私地帮助熊妈妈把抢食的海鸥赶跑，确保熊妈妈吃饱。

熊姐姐提醒熊妈妈，要小心海鸥。

你看，熊姐姐吃饱上岸了，它的肚子圆滚滚的。熊姐姐刚刚上岸，熊妈妈立刻带上小宝宝急匆匆地向熊姐姐走来。

在离熊姐姐七八米远的地方，熊姐姐对着熊妈妈叫了几声，熊妈妈突然止步了。紧跟在熊妈妈后面的小宝宝没注意，继续前行，结果一下钻到了妈妈的屁股下面。小宝宝疑惑地抬头，好像在问："妈妈，怎么啦？"

熊妈妈转过身来，亲切地对小宝宝叫了几声，仿佛在说："宝宝，大姐姐说，这个地方不好捕鱼，让我们往后走几步。"

于是，熊妈妈在熊姐姐的指引下，后移几步，把小宝宝安顿在岸边，自己从有一块大石头的地方下水了。

熊妈妈捕鱼远比熊姐姐认真，因为熊姐姐"一熊吃饱全家不饿"，而熊妈妈就不同了，它吃饱后，还得多抓些鱼喂小宝宝啊。快看，熊妈妈一头扎进水中捕鱼了，熊姐姐在旁边关心地望着。

七八分钟后，熊妈妈抓到鱼了。你问我怎么知道的？你看，四只海鸥飞来了。它们来干吗？当然是要抢鱼了！

刚才自己被抢食时还很"佛系"的熊姐姐这回愤怒了，一个箭步冲上去，张开大口，仿佛命令海鸥"滚开！"

有的海鸥飞走了，然而，总有少数"赖皮"的海鸥不肯离开。熊姐姐立刻再往上爬，把自己的身躯横挡在熊妈妈的上面，

海鸥虎视眈眈，熊姐姐保护着熊妈妈。

保护着熊妈妈，直到它吃饱。

熊妈妈吃饱了，接着抓鱼喂小宝宝。小宝宝盯着妈妈嘴里的鱼时，那神态是多么天真啊！

目睹北极熊捕鱼的真实场面，我万分感动。熊姐姐帮助带孩子的熊妈妈捕鱼，是那样热心、认真，其中蕴含着值得人类深思的情谊。面对环境变化，北极熊懂得"适者生存"的规律，积极改变主要以海豹为食的习惯，学会了捕鱼，认真实践，颇有成效，这难道不值得我们人类学习借鉴吗？

北极建站的故事

1985 年 2 月，中国建立了南极长城站。

1986 年，中国成立了"南极研究学术委员会"。

我第一次参加南极研究学术委员会会议时，好

几位委员提出，中国应该尽快建立北极科学考

察站。但是，我们到哪里去建站、如何建站

呢？这成了一个难题。

《斯瓦尔巴条约》

1991 年 7~8 月，应挪威卑尔根大学 Y. 叶新教授的邀请，我参加了由挪威、苏联、中国和冰岛四国科学家组成的北极斯瓦尔巴群岛及其邻近海域国际科学考察活动。考察期间，Y. 叶新教授送我一本《北极指南》，我在翻阅的过程中，发现这本书的第 30~36 页，登载了《斯瓦尔巴条约》。根据条约规定，中国于 1925 年成为该条约的 35 位成员国之一，凡条约成员国享有在北极斯瓦尔巴群岛建立科学考察站等权利。《斯瓦尔巴条约》是中国在北极建站的法律依据。

我兴奋地带回这本《北极指南》，首先报告给中国南极研究学术委员会，然后带着这本书向相关部门汇报，希望国家支持在北极建站。

这个想法得到了中国科学院副院长孙鸿烈的支持，他在中国科学院"八五"极地科学研究计划中，将"北极斯瓦尔巴群岛建站调查"列为子课题，并聘请我为中国科学院极地学术委

斯瓦尔巴群岛位于巴伦支海和格陵兰海之间，是最接近北极的可居住地区之一。

员会委员。中国科学探险协会名誉主席宋健院士和主席刘东生院士也积极支持、引领中国北极建站项目。

北极建站工作就这样拉开了序幕。

积极推动建站

要建立中国北极科学考察站，必须获得国家有关部门的认可与支持。为此，我以中国科学探险协会主席的名义先后致函国家科技部部长徐冠华，中国科协第一书记张玉台，全国人大常委会环境与资源委员会主任毛如柏，全国政协副主席、中国科学探险协会名誉主席宋健，还有外交部、中宣部等部门的领导，希望他们支持北极建站活动。

其中，全国政协副主席宋健亲笔回信，积极支持中国民间北极建站活动。

……现北极站 China, MULIN-ARCTIC-2001 也已落实，极好。这是中国科学家们"走出去"的一项很有价值的活动。祝你们在新的方向上取得成功。明年夏大概是去 Svalbad 的好时机！敬祝探险事业大成！

39

依据《斯瓦尔巴条约》，斯瓦尔巴群岛由挪威政府代管。因此，中国北极建站工作必须加强与挪威的合作。另外，就国际合作惯例而言，我是受挪威卑尔根大学邀请参加北极国际科学考察的，回请挪威客人访问中国，也合情合理。

于是，1991年9月，我邀请挪威卑尔根大学两位校长奥勒·迪德里克·莱鲁姆和科勒·罗默特韦特访问中国的北京及西藏。在访问西藏期间，我们受到中国科学探险协会的顾问、西藏自治区人民政府副主席毛如柏和西藏军区司令员姜洪泉同志接见。在访问北京期间，两位校长与中国科学探险协会签订了中国与挪威之间的第一个科学合作协议，就加强中挪北极科学考察与青藏高原科学考察合作达成共识。

1995年，中国科学院派出代表团访问挪威，团长为中国科学院副院长陈宜瑜，团员有秦大河、张兴根和我，就中国与挪威科技合作和中国北极建站事宜签署了协议。

三极名片

斯瓦尔巴群岛

英文名：The Svalbard Archipelago
位置：北纬 74°～81°、东经 10°～35°
面积：6.2 万平方千米
海拔：约 1717 米

　　根据挪威朋友的建议，1995 年 12 月，中国科学院组成以秦大河为团长的六人代表团（团员有张青松、刘健、刘小汉、赵进平和我），作为观察员出席了国际北极科学委员会（IASC）会议，参加了制订北极科学考察计划的讨论。我们还举办了中国青藏高原科学考察研究进展报告会，邀请北极国际科学委员会的有关专家出席，由张青松和我介绍了中国青藏高原科学考察研究情况，为中国加入北极国际科学委员会奠定了基础。

1995 年，中国科学院代表团访问挪威。

离梦想越来越近

2001 年，中国科学探险协会收到挪威驻中国大使馆关于"CHINA MULIN ARCTIC 2001"的正式函件，欢迎中国科学家赴北极斯瓦尔巴群岛建站。为此，中国科学探险协会呈递报告给中国科学技术协会，申请赴北极建站。中国科学技术协会很快批复"同意"。

然而，当时国家经济困难，有关部门难以出资建立北极科学站，但支持民间建站先行。中国科学探险协会坚持走"科学、企业、媒体三结合"的科学探险道路，在人民日报社、新华社、中央电视台等新闻媒体的积极参与下，获得了新疆伊力特酒业有限公司和湖南食品有限公司的赞助，组织中国科学家进行北极斯瓦尔巴群岛科学考察，同时积极筹建北极科学考察站。

即使我们获得中国科学技术协会批准建站，即使我们得到企业家的经费支持，真正走进北极建站，也不是一帆风顺的。但俗话说"众人拾柴火焰高"，我们得到了各方力量的支持和帮助，离梦想近了一步又一步。

多亏挪威驻中国大使馆的鼎力相助，我们得以顺利出发。经过中国与挪威方面多次协商，中国伊力特·沐林北极科学考察队预订了 2001 年 7 月 25 日赴北极朗伊尔宾的机票。然而由于某些原因，同行的中央电视台工作人员的护照一直到 7 月 22 日上午才被送到挪威驻中国大使馆。在不到两个工作日的时间里要拿到挪威大使馆的签证，在常规情况下根本不可能。所幸挪威驻中国大使馆积极支持此次科考活动，在文化参赞瑞格默·克里斯廷·约翰森的帮助下，我们破例在 7 月 24 日下午 1 时拿到了签证。此次科考活动终于得以如期成行。

2001 年 10～11 月，中央电视台和新华社派记者随队赴北极斯瓦尔巴地区预考察，并做了相应的宣传报道。新闻媒体的积极参与扩大了北极建站活动在国内外的影响。从此，越来越多的人知道了《斯瓦尔巴条约》，知道了中国是《斯瓦尔巴条约》成员国之一，知道了中国人在北极斯瓦尔巴群岛有建立科学站、开矿、经商等自由，知道了中国人要在北极建立短期的科学探险考察站，并将尽快建立永久的科学考察站……

还有著名科学家为我们"指点江山"。中国伊力特·沐林北极科学探险考察科学指导委员会以中国科学探险协会名誉主席刘东生院士为主任，以中国科学院前副院长叶笃正、孙鸿烈院士为副主任。此次考察研究的题目被确定为"北极斯瓦尔巴地区与青藏高原生态环境系统对比研究",颇具匠心。

著名青藏高原植物学家武素功、杨永平,地质学家刘嘉麒,冰川学家张文敬,大气物理学家陆龙骅、邹捍和北京大学的"长江学者"朱彤等加盟此次活动,更是锦上添花。

确定建站地址

中国北极黄河站

　　2001~2002 年，在各方力量的积极推动下，中国伊力特·沐林北极科学探险考察队两度赴北极斯瓦尔巴群岛选址、考察、建站，"中国伊力特·沐林北极科学探险考察站"终于在北极朗伊尔宾建立起来了。在中国的五星红旗下，中国科学

北极考察队在考察站前合影留念

家开始有了民间研究基地，此次建站也促进了中国永久北极科
学考察站的建站工作。

北极建站活动在国内外影响很大，我们的初衷得以实现。
2003 年 7 月，国务院批复了国家海洋局于 1997 年申报北极建
站的报告。2004 年 7 月 28 日，中国的北极黄河站在朗伊尔宾
北侧的新奥尔松国际科学城诞生了。中国人民在北极终于有了
自己的长期科学考察站。

2018 年，中央电视台播出了《四十年四十个第一》系列
专题片，有一集为《第一次极地考察》。其中有一段话总结了
北极建站的过程和意义："1991 年，大气物理学家高登义，来
到了隶属挪威的斯瓦尔巴群岛考察，开启了中国北极科考的序
幕。2002 年，中国的第一个北极科考站建成，中国的北极科考
事业，也逐渐步入正轨。"

三极名片

中国北极黄河站

英文名：The Arctic Yellow River Station
位置：北纬 78°55′、东经 11°56′
面积：约 500 平方米
建立时间：2004 年 7 月 28 日

"苹果房"是 2010 年中国第四次北极科学考察中增添的新装备，由钢化玻璃等材料特制而成，可以防御北极熊。

浮冰上的考察

我们在北极浮冰上考察观测的六天六夜，可谓紧张刺激又充实有趣。白天，我们小心翼翼地选择合适的浮冰；晚上，我们提心吊胆地防备北极熊。一群科学家童心未泯，把系留汽艇装扮成了"小可爱"，真想让你也看看啊。

紧张有序的工作

　　1991年8月3~8日，四国科学家在北极开展了紧张的科学考察活动。我们把挪威极地研究所的"南森号"考察船固定在两块大小不同的浮冰上，各小组的科学家按照自己的计划展开工作。

高登义与挪威卑尔根大学 Y. 叶新教授在北极浮冰上考察

大气科学组由气象学家比约恩、工程师托瑞及 Y . 叶新教授和我组成。我们在两块大小不同的浮冰上建立了四个自动气象观测站，在冰雪表面下建了一个热通量观测站。我们选择在不同的天气条件下施放系留汽艇，观测浮冰上的大气边界层结构变化；测量浮冰上的反照率、总辐射；采集浮冰上的大气样品。

其他组的队员们也各司其职，紧张而有序地进行考察工作。他们有的用手摇冰钻在浮冰上采集冰芯样品；有的用电钻把浮冰穿透后，用声波仪器测量浮冰底部的地形、地貌，以研究其对海流的影响；有的采集浮冰上的冰雪样品，分析它的化学成分含量；有的在浮冰上及其周边采集生物样品……每个人都充满了干劲。

挪威科学家在北极浮冰上打钻

　　大家很喜欢我们的系留汽艇，还调皮地在系留汽艇的头部贴上了"眼睛"，好像将它变成了可爱的吉祥物。有一位生物学博士还喜欢陪伴系留汽艇，经常坐在它旁边默默地欣赏北极的冰雪世界。

　　回忆起来，这六天六夜，真是令人难忘。

一人一艇，科学家静静地欣赏北极冰雪风光。

深夜带枪观测

　　在这六天六夜中，我们在"南森号"考察船上食宿，在浮冰上工作。我除了和本组成员一道每天观测三次大气边界层结构，还独自每天观测四次冰雪表面下的热量交换，观测时间分别是当地时间2时、8时、14时和20时。

　　第一天凌晨2时，比约恩带着枪，陪我一道观测。经过第一天半夜的观测后，我认为我一人带枪观测就可以了。因为在浮冰上，每天晚上都有一位队员带枪值班。再者，大家经过一天紧张的工作后，都很疲劳，我想尽可能少地劳烦队友。于是第二天凌晨2时，我一人带着枪，按时上浮冰观测。观测点位于浮冰的边缘，在考察船的对面。

　　当我把子弹上了膛，背上步枪，准备离开帐篷时，我忽然想到一个问题：如果遇见北极熊，是先开枪还是先照相呢？我思考片刻，回答自己："先照相。"

　　浮冰上静悄悄的，海面上有轻雾，隐隐约约地可以看到值凌晨，我和队友换班。

咯吱

Hello!

深夜，我在浮冰上进行科学观测。

班队员在浮冰上走动。我向着观测点走去，沉重的皮靴踏在冰雪上，沙沙作响，在静谧的夜晚显得更加清脆。这声音为我壮胆，又令我不安：万一因此而惊动了北极熊怎么办？我警惕地向观测点走去，途中恰好碰见了值班队员，我们相互问候后，我的胆子好像大了不少。我很快到达观测点。在手电筒灯光的照射下，我迅速完成了观测任务。

在整个过程中，除了认真地观测外，我同时要耳听八方，警惕有可能出现的北极熊。接下来每天半夜观测时，我都背着枪，时刻防备北极熊。

事实上，我可能多虑了，北极熊更惧怕人。你想，我们共有23位队员、10来条步枪，也许北极熊早就远远地躲开我们了。

自动气象观测站

　　1991 年 8 月 1 日，午饭后，我和 Y. 叶新、托瑞、比约恩一道乘橡皮艇，准备到另外一块更大的浮冰上建立自动气象观测站，比约恩是驾驶员。

　　我认真地向 Y. 叶新教授建议，把自动气象观测站分别建立在浮冰的边缘和中心区域，以观测、比较浮冰不同位置的冰雪表面与大气之间的热量和动量交换。Y. 叶新教授采纳了我的建议。

　　就这样，在地理位置北纬 80°10.8′、东经 30°0.5′ 的海域上，我们在两块不同面积的浮冰上共建立了四个自动气象观测站，分别位于两块浮冰的边缘和中心区域。大的浮冰面积约15000 平方米，小的浮冰面积只有 5000 平方米左右。

　　观测目的有两个：第一，比较在不同面积的浮冰上大气与浮冰表面之间的热量和动量交换；第二，比较在同一浮冰上不同位置的大气与浮冰表面之间的热量与动量交换。

　　观测研究结果表明，在不同面积的浮冰上，面积越小的浮冰与大气之间的热交换效率越高；在同一块浮冰上，离浮冰中心越近的位置，浮冰与大气之间的热交换效率越低，而在浮冰边缘，浮冰与大气之间的热交换效率最高。

这个观测结果对于极地地区的气候系统模拟实验具有很高的科学价值。

建立在北极浮冰中央的自动气象观测站

浮冰历险记

在南极或北极，你应该知道海冰和冰山的区别。冰山是冰川脱离冰盖后进入南大洋或北冰洋的冰体，全球有南极冰盖和北极格陵兰冰盖；而南极或北极的海冰是由南大洋或北冰洋的海水冻结而成的。冰山比较高大，海冰比较平坦。

迪斯科湾冰山位于格陵兰岛西部，是脱离格陵兰冰盖而形成的。

冰山在海水中稳定漂流，它在水面上下的厚度比例约为 1∶7，而大多数的海冰厚度非常不均匀，且新的海冰往往是由多片海冰在相对运动中重叠起来形成的，有产生裂缝的可能。这就给科学家在海冰上观测带来了困难与危险。

我们在浮冰上建立自动气象观测站时，Y.叶新教授给我讲述了他曾经在浮冰上历险的经历。

1978 年夏天，在斯瓦尔巴群岛邻近海域，Y.叶新教授和他的两名学生在一片浮冰上建立大气观测站。当他们在搬运仪器时，危险降临了。Y.叶新教授站在浮冰上，突然，浮冰破裂声从他脚下传来，他正双手抱着仪器，行动不便。眼看他两脚之间的浮冰裂缝越来越大，非常危险。千钧一发之际，他身边的一名学生敏捷地用力把他拉向一侧，躲开了裂缝，他得以转危为安。可惜当时事发突然，没有来得及拍摄照片。

我也曾遭遇过浮冰突然破裂的危险。1987 年 9 月，我和气象学家曲绍厚、卞琳根以及挪威卑尔根大学的一名硕士生，乘"南森号"考察船在北极斯瓦尔巴群岛海域科学考察，我们准备在浮冰上观测冰面与大气之间的热交换和近冰面大气垂直结构。我们需要选择一片大而平坦的浮冰。

考察船在大海中寻找了一个多小时，才找到一片理想的浮冰。观测仪器放在四个大木箱里，卞琳根与硕士生先带着仪器箱，从悬梯下到浮冰上。正当二人在浮冰上搬运仪器箱时，他们后面的浮冰突然裂开一条大缝，我和曲绍厚无法跟进。

我赶紧请来船长查看状况。船长决定派一艘小艇把卞琳根和硕士生从浮冰上接下来，然后重新寻找合适的浮冰。可惜，我们再没有找到面积大而平坦的浮冰，只好在一片较厚但凹凸不平的浮冰上建站观测，好在总算安全地取得了科学资料。

三极
名片

格陵兰冰盖

英文名：Greenland Ice Sheet

位置：北纬 76°42′、东经 41°12′

面积：约 180 万平方千米

平均厚度：约 2300 米

可爱的北极燕鸥

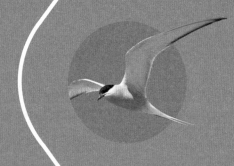

保卫家园的勇士

飞得最远的候鸟

机警的北极燕鸥

北极燕鸥『秀恩爱』

两分钟『罗曼史』

北极燕鸥是北极地区鸟类中的"明星"，它们不仅是世界上飞得最远的候鸟，是保卫家园的勇士，还是与人友好、与同类亲近的"谦谦君子"。在考察期间，我有幸抓拍到了不少北极燕鸥的精彩瞬间，我想你一定会喜欢它们。

保卫家园的勇士

　　2001年10月23日，新华社高级记者张继民和我外出考察，偶见路旁一块白板上画了一幅宣传画，继民停下来看，问我："这画的是什么鸟？它们为什么冲着人的相机镜头飞？"我一看便明白，这是几年前就有的宣传画了。我说："这是北极燕鸥，这可是北极有名的鸟。"继民拥有记者特有的敏感性，立刻连珠炮似地提出了一堆问题，我只好详细地向他讲起北极燕鸥的故事来。

在朗伊尔宾海边，北极燕鸥成群结队地飞翔。

那是 1991 年 8 月 12 日，我们的考察船"南森号"停靠在这里。在一片凹凸不平的草地上，鲜艳的挪威虎耳草和洁白的雪绒花点缀于一片青草中，一大群类似海燕的鸟儿欢跳于草地上，叽叽喳喳，飞来飞去。它们就是北极燕鸥。看着这群活泼可爱的小鸟，我立即产生了拍照的兴趣，情不自禁地举起相机，向着北极燕鸥走去。

我趴在地上，拍摄北极燕鸥和它们的家园。

北极燕鸥宝宝

突然，小鸟们一哄而起，冲我飞来，围攻我的头部。好在我戴了皮帽，它们没有伤到我。我继续拍照，还拍到了小北极燕鸥。

　　这次北极燕鸥换了策略，开始向我发起"空袭"。小鸟们轮番俯冲，它们从尾部投下"炸弹"，洒下"天水"。我只好放弃拍照，收起相机并逃离现场，躲在近处的一栋平房里。

　　平房不仅成了我的避难所，也成了我的拍摄掩体。透过玻璃窗，我抓紧拍下几张照片。一只刚刚学会走路的小北极燕鸥，在双亲的保护下走来走去。这是多么幸福的家庭，多么值得保卫的家园啊！可见鸟类与人类的情感是相似的。

　　"太令人感动了！"继民禁不住说道，"原来宣传画上的北极燕鸥是在保卫家园，我终于明白了。"

飞得最远的候鸟

"从某种角度来说，北极燕鸥可以被称为鸟中之王。"我说。

话音刚落，见多识广的继民立刻提出质疑："不对吧，鸟中之王应该是信天翁吧？"

"从个体大小来说，信天翁的确是鸟中之王。"我说道，"但从这几个方面看，北极燕鸥是当之无愧的鸟中之王：第一，北极燕鸥只在北极地区繁殖，却生活在地球的两极地区，旅行在地球两极地区之间，这在鸟类中是独一无二的；第二，北极燕鸥在南北极之间飞行，一年行程数万千米，可谓鸟中英杰；第三，北极燕鸥终年在白昼下生活，它们是地球上最受阳光关怀

的动物。"

"有道理。"继民点点头，认可了我的观点。

我乘兴继续说："北极燕鸥长得很漂亮，鲜红而细长的小嘴，修长的双脚，小巧玲珑的身材，浑身洁白的羽毛更衬托出它们的美丽。还有银铃般的歌声，可亲可爱。"

"它们如此小巧玲珑，怎么能飞越地球两端呢?"继民提问道。

我回答道："你可别'以貌取鸟'呀，北极燕鸥虽然小巧，但却矫健、坚定不移。当北极夏天过去，冬天将临，它们就会离开北极乡土，成群结队，远走高飞，飞往地球的另一端——南极，去享受南极地区的夏季，在这一过程中，它们要穿过南北半球的强劲西风带，越过地球中低纬度的雷雨区；当南极夏末，它们又开始北迁。周而复始，终生不息，代代相传。"

"当然，"我又调侃地说，"北极燕鸥长时间往返于北极和南极之间，有时难免在空中方便，我们也要谅解啊。"

继民会意地笑了。

机警的北极燕鸥

随着北极燕鸥与人类相互亲近的机会越来越多，北极燕鸥也许慢慢明白，人类不会伤害它们的孩子，于是不再攻击人类，有时还愿意与人类"开玩笑"。

2011年7月28日下午，我与北京队友丁琛率领的中小学生考察队在北极朗伊尔宾郊外进行科普考察，孩子们高兴地拍摄海滨的北极燕鸥。

这时，我与队友周又红商量，请她靠近北极燕鸥，我在远处用长焦镜头拍摄她与北极燕鸥亲近的照片。周又红欣然同意了。

周又红真是好样的，当北极燕鸥轮番飞向她，仿佛要攻击她时，她仍然淡定地站在原地继续拍照。

你看，一只北极燕鸥直扑向她，她稳如泰山地举着相机。北极燕鸥见她如此，突然在空中悬停，那悬停的姿态美丽动人。两只北极燕鸥从空中扑下，冲向周又红，但她并不害怕、

北极燕鸥俯冲而下，周又红趁机抓拍。

躲闪，时而拍照，时而抬头观望。一名中学生高兴地与周又红一起亲近北极燕鸥，与北极燕鸥互动。

然而，也有截然不同的情况。有一次，一位带枪的男士正在走路，北极燕鸥毫不留情地向他背后俯冲、尖声鸣叫，直扑他的头顶。还有一次，两位队友偶遇北极燕鸥，二人立刻趴下躲避，北极燕鸥反而咄咄逼人地冲向他们。

当然，如果你想拍摄精彩的照片，即使北极燕鸥非常接近你的头顶，你也不要为了躲避而失去良机啊。

也许有一天，人类真的不再对北极燕鸥造成任何威胁，北极燕鸥就会完全放下对人类的戒备与敌意，当人类亲近它们时，便不再受到攻击了。

三极名片

北极燕鸥

分类：鸻形目鸥科燕鸥属
体长：33~35 厘米
食物：鱼类和甲壳动物
分布：北极和南极等

北极燕鸥"秀恩爱"

每年 6～7 月是北极燕鸥的繁殖期。2010 年 7 月，一次偶然的机会让我拍摄到了北极燕鸥求偶的过程。那天，天空阴云密布，一群北极燕鸥在我头上飞来飞去，相互追逐。但由于距离较远，我看不清北极燕鸥在做什么。我举起 300 毫米的长焦镜头，尽可能地追踪北极燕鸥，尽可能地多拍照，前后花了近一个小时。

回到船上，我仔细整理照片时才发现，原来，我拍摄到了繁殖期的北极燕鸥从对歌求偶到交配的全过程。这让我惊喜万分。

你看，北极燕鸥在空中你追我赶，上下翻飞，就像人类的年轻男女相互追逐、嬉戏一样。北极燕鸥在空中一上一下，引吭高歌，对歌求偶，那舞姿和歌声让人类望尘莫及。

不一会儿，一对北极燕鸥在空中亲密地相互触碰喙部，酷似人类接吻。又有一对情投意合的北极燕鸥扇动它们的翅膀，时开时合，相互摩擦。鸟类学家告诉我，那相当于人类之间的拥抱。顷刻，又有一对北极燕鸥在空中一上一下，亲密地交配……

　　好多鸟类学家看了我拍摄的照片后，都感慨地说："你真好运气，能拍到这样难得的照片！"确是如此，我19次赴北极科学考察，也就巧遇到一次。

北极燕鸥空中对歌

北极燕鸥彼此"拥抱"

北极燕鸥甜蜜"接吻"

北极燕鸥空中交配

两分钟"罗曼史"

2011年7月28日，在朗伊尔宾郊外，我发现海滩上距离我约300米的一块大石头上，经常有北极燕鸥成双成对地停留、玩耍。为了不干扰北极燕鸥的活动，我带上300毫米的长焦镜头，特意趴在一块石头的后面，静静地等候。几名同学看见我趴在那儿，也凑过来趴下。

北京时间晚上11时44～46分，我用相机记录下了北极燕鸥两分钟的"罗曼史"。

11时44分，一只雌北极燕鸥飞来，展开双翅，潇洒地着陆在我蹲守的那块大石头上。

雌北极燕鸥刚刚站定，一只雄北极燕鸥便急匆匆地紧紧跟来，同时发出叫声，仿佛亲昵地喊着："等等我！"雄鸟迅速飞近大石头，展翅平衡，紧紧靠近雌鸟，仿佛致以亲切问候。然而，雌鸟低着头默默无语，没有正视雄鸟。

雄鸟礼貌地稍稍后退，紧紧收拢双翅，使其垂直向上，再次谦虚地打招呼。但雌鸟仍然低着头，毫无变化。

接下来，雄鸟按照顺时针方向飞到雌鸟的左侧站定后，双翅根部靠拢，羽翼展开，抬头致意。很快，它又谦逊而深情地低头，完全收拢双翅，跪地，好像是在"求婚"。而雌鸟此时高昂着头，丝毫不为所动。

雄鸟再次抬头，张口倾诉，而雌鸟却把头抬得更高了，对它置之不理。

雄鸟还不愿放弃，又礼貌地绕着大石头飞到雌鸟的右侧，高举双翅，倾诉真情。可惜，雌鸟好像还是没有被打动。

于是，雄鸟立刻贴地起飞，风度翩翩地道别离去。此时是晚上 11 时 46 分。

我不禁感叹北极燕鸥求偶的效率与翩翩风度，如此大事，成功与否，两分钟定；求偶未成，友谊长青。闻听北极燕鸥相处和谐，这也许是其中一个因素吧。

朋友欣赏完我拍摄的这些照片后，惊奇地说："真是不可思议！"也有人羡慕我抓拍到北极燕鸥珍贵画面的好运气。

南极建站历险记

1988～1989 年，为了跟上国际南极科学研究的步伐，中国决定在南极圈内建立科考站中山站，深入开展南极科学考察工作。中国第五次南极考察队一行 116 人，乘上"极地号"科学考察船，赴南极大陆上的拉斯曼丘陵建站，遭遇了重重艰险。

先天不足的抗冰船

　　一般说来，要把建站设备和物资运上南极大陆，必须要有破冰船，才能冲破南极大陆周边的陆缘冰和浮冰，靠近南极大陆。在当时中国经济实力不强的条件下，我们只能购买芬兰的一艘抗冰船。抗冰船的材质、设计、装置等不如破冰船，而且我们买到的还是一艘超期服役的抗冰船。这艘本该"退休"的船经过改造，增加了实验室和队员居住室后，成了中国的"极地号"科学考察船。先天不足的抗冰船给我们此次南极科学考察增添了更大的难度。

三极名片

南极点

英文名：South Pole

位置：南纬90°

海拔：2800 米

平均气温：-48℃

　　1988 年 12 月 21 日，经过六天艰苦的航行，我们终于穿越了波涛汹涌的南半球西风带，来到了南纬 60°附近相对风平浪静的破碎浮冰区，全速奔驰向前。

　　"极地号"航行过程中，队员们时不时地要到船头甲板观察情况。当天上午，队员们又来到船头，仔细观察"极地号"前进的状况。突然，不知谁惊叫了一声"有洞"，一下破坏了大家欢乐的情绪，人们纷纷沿着他手指的方向望去。果然，在船头左舷有一个被冰撞破的洞，洞口长约 50 厘米，宽约 30 厘米，离水箱仅差 1 米左右。若洞口继续扩大，水箱破裂，后果不堪设想。

　　这惊人的消息不胫而走，很快传到魏船长的耳朵里。他来到船头，仔细查看了破洞的情况后，二话没说，立即返回指挥台，减慢了"极地号"前进的速度。

终于到达目的地

1989 年 1 月 14 日，晴空万里，气温回升，前方的浮冰纷纷破裂，南面出现了一条狭窄的水道，那正是"极地号"渴求的希望之路。考察船被浮冰阻挡 23 天后，终于可以启航了。

下午 5 时过后，魏船长亲自操舵，寻找隐藏在浮冰裂缝中

"极地号"考察船前方有两座冰山

的水道，小心翼翼地驾驶"极地号"绕道前进。

下午7时过后，眼看离岸边已不远了，但在"极地号"前进方向上却并排竖立着两座大冰山，宛如列队夹道欢迎我们似的，留出一条仅能勉强通过的狭窄水道。"极地号"缓缓地向这条狭窄的水道滑行过去，唯恐撞上冰山。

当"极地号"刚刚挤过这条狭窄的通道后，我回头观望，惊讶地发现其中一座冰山慢慢转动约90°，横亘在"极地号"的后面，堵住了刚通过的狭窄水道。我们现在只能前进，不能后退，因为我们的退路已被冰山堵死。

我再转过头，向"极地号"前方观望。我看到在一座孤独的冰山上，站着一只孤独的鸟，这只鸟用它孤独的目光望着我们这艘孤独的船。我心头忽然浮起淡淡的不祥之感。

下午7时20分，"极地号"终于来到了离岸约400米处。全船上下热血沸腾，雀跃欢呼，有高呼"万岁"的，有喊"中山保佑"的。先期乘直升机到达岸上筹备建站的16名队员，来到岸边一座小山头上向我们振臂挥手，以示欢迎。船上船下一片欢腾。

我走到船头，像历次登山前建立气象站时一样，习惯性地观察周围环境，了解情况。

我望向左前方时，看到那儿留有冰川运动的痕迹。我再反复观察，那多次冰川运动后残留的堆积物仍清晰可见。根据多年登山科学考察的经验，我认为在这儿停船不安全，就像登山队不能在遭遇过雪崩的通道上扎营一样，此处不宜抛锚。

我将这个想法告诉了大副。大副为难了，他想了一下说："要躲开这个地方，'极地号'只能往右侧水域靠，但离岸太近，怕水的深度不够，船会搁浅。"由于'极地号'的声呐测深系统不能正常工作，大副打算先抛锚再放下小艇，用竿子测量水深，然后再决定是否将"极地号"往右侧水域移动。这应该是比较安全稳妥的办法，我点头赞同大副的想法。

险遇冰崩

船抛锚了。大副指挥船员卸下小艇，用竹竿测量海水的深度。其时，已是晚上 10 时左右。

晚饭后，我和海洋生物学家王自盘来到船头，但发现船头周围的冰山位置变化甚大，很奇怪。我们正在纳闷儿，突然，一声沉闷的巨响把我们惊呆了。在"极地号"船头左前方约 1000 米处，卷起混杂着冰雪的水柱有 300 多米高，就像原子弹爆炸时的蘑菇云一样！

我惊奇地望着，不断地拍照。尽管我曾多次在喜马拉雅山脉见过雪崩，但从来没有见过这样壮观的场面。我猜，这可能是冰崩。所谓冰崩，就是冰盖边缘的冰川突然快速向海洋移动，导致冰盖的冰体坠入海中。

翻滚着的冰山向"极地号"停泊的位置冲来，隐约可见冰山的颜色蓝白交替出现。我心里明白，南极的冰山在海水中漂移时，水上、水下部分的重量比约为 1∶7，白色是冰山的顶

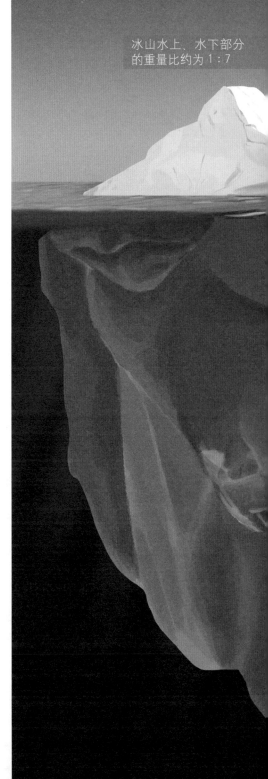

部，蓝色是冰山的底部。只有冰山翻滚时，才能呈现出蓝色与白色交替的景象。这该有多大的力量才能使冰山翻滚啊！

我和王自盘、陆龙骅等人站在船头，紧张地观察，不停地拍照。冰山越靠近，我们的心越紧张。

冰崩仍然断断续续地发生，时不时地卷起高高的水柱。冰山不断翻滚着，咆哮着，向"极地号"停泊的位置冲过来……

晚上 11 时过后，两座大冰山同时从左右两侧向我们的船头挤压过来。我似乎觉得，只要张开双臂，就能碰到这两座冰山。不知是紧张还是害怕，我呼吸急促，两腿发抖，感觉有些喘不上气。但我仍同三四位队友一直站在船头，伺机拍照，我们只能默默地等待，顺其自然。

也许是中山先生的英灵保佑吧，说来也巧，"极地号"像一条鳝鱼从一双巨掌中溜掉一样，从左右两侧两座大冰山的挤压中逃了出来。再过一会儿，两座大冰山奇迹般地搁浅了，它们阻挡了从正面逼近我船的其他冰山，使冰山绕道而行，成了"极地号"的天然屏障。

"极地号"暂时脱险，但它却被浮冰团团围住了。

被浮冰困住的"极地号"

这天夜里，全船人员都在议论。我和气象组的陆龙骅等查阅船上的航海志，航海志上记载，这次冰崩事件发生在"极地号"停泊处的东南方向约 1000 米处，发生时间为 1989

冰山位置巨变！

轰！

冰山翻滚涌向"极地号"。

我们紧张地拍摄。

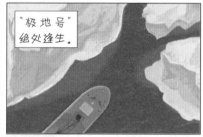

"极地号"绝处逢生。

冰山搁浅，危险暂时解除。

年 1 月 14 日晚 10 时~10 时 30 分、1 月 15 日凌晨 0 时~0 时 30 分。

　　初步计算，这次冰崩事件产生的浮冰面积约 14 平方千米，若以其平均厚度 30 米计算，其体积约 0.42 立方千米，重 4~5 亿吨。大自然的力量真强大啊！

　　浮冰包围了我们，但挡不住我们建站的决心。我们想方设法，尽快把考察船上的建站物资和设备运到岸上去。我们连夜赶制了雪橇，十多个人合力向岸上拖运建站设备；大家手拉、肩挑，尽可能多地搬运建站物资；我们用炸药炸开一条通道，"中山一号"驳船运送了一台"两头沉"挖掘机过去……

三极
名片

中国南极中山站

外文名：Zhongshan Station

位置：南纬 69°22′、东经 76°22′

面积：约 3500 平方米

建立时间：1989 年 2 月 26 日

雪上加霜

离"极地号"被冰围困处约 1000 米的地方，是苏联的一个南极越冬考察站——苏联进步站。那里的工作人员们目睹了"极地号"遭遇冰崩的情况，我们的处境引起了他们的关注。

1 月 15 日下午 2 时许，苏联进步站通过高频电话转告我们："今晚 10 时起，有西风，15 米／秒；夜里 12 时起，可能还有更大的冰崩。"这个消息好像在我们本来就不平静的心田又投下了一块巨石。

晚饭后，船队领导召开紧急碰头会，重点讨论当晚是否会再有冰崩发生的问题，我和陆龙骅照例以气象组负责人身份参会。到会的十来个人都在估量苏联进步站的预告的分量。一向活跃的碰头会今天却异常沉闷，会场上鸦雀无声，只听到有人猛吸香烟的声音。

突然，魏船长冲着我说："你是专家，说话呀！"

大家立刻把目光集中到我身上，等待着我的回答。

其实，我一直在思考苏联站的所谓预告。过去，我研究过登山天气预告，在《中国大百科全书》"体育卷"中，我写过一段"雪崩及其预告"的词条，指出了预告雪崩的可能性及其难度。从目前来看，我们知道雪崩发生的必要条件，但并不知道雪崩发生的充分必要条件，目前世界上还没有预告雪崩的方法，更没有预估冰崩的方法。

我本来就不相信这个没有根据的预告，再经船长催问，只好冒出了一句："我认为没有了。"

大家惊奇地望着我，似乎在等我进一步说明。

"苏联传来的所谓预告没有根据。"我很自信地说，并表达了我的想法。

说心里话，要肯定当晚不会出现冰崩，我也没有依据。但我心里有两点判断：其一，冰崩预告在当今世界上还无法实现；其二，"极地号"已遭受沉重打击，人们在心理上都受到了严重创伤，不能再无谓受挫了。在没有充分根据时，宁可信其"无"，不可信其"有"。

我说完后，会场气氛似乎有所转变，陆龙骅也发表了与我类似的见解，并将气象组对风的预告做了汇报：没有西风，有偏东风，2~3级。关于风的预告，我们是有根据的，在南半球南纬70°附近要出现西风，必须有南半球气旋移过，但从卫星云图上可以明显看出，一两天内本区没有南半球气旋活动。

经过一番议论，郭琨队长总结说："但愿不再发生冰崩，但我们要做好应对冰崩再发生的准备。"魏船长布置说："船员加强警戒，轮流值班；马达发动着，严阵以待。"

全船上下又紧张起来。中央电视台和四川电视台两个摄像组轮流值班，一旦再发生冰崩，他们一定要把这珍贵的画面记录下来，他们没有拍到前一晚发生冰崩的实况。

这天夜里，当我看到四川电视台的摄像师张黎平全副武装，随时准备拍摄冰崩的样子时，我打趣道："你们会失望的。"张黎平也风趣地回答："拍不到是大家的福气，拍到了是我们的'运气'。"从当天晚上 11 时一直坚持到第二天上午 10 时，摄像师们才疲倦而高兴地撤回船舱休息。他们没有"走运"，而全船却得福了。

"极地号"又闯过了一关。

突破重围

1月16日上午，我去考察船指挥台查看航海日志，陈总和魏船长也在那儿。我正查看着，魏船长走过来对我说："你估计周围的浮冰能裂开吗？"这突然的提问令我很难回答，我抬头望着他，一时没有说话。

陈总走了过来，打破了僵局。他说："昨晚，苏联进步站站长对我们说，'极地号'可能在一年之内难以脱险，因为苏联的科考船曾经在这儿被浮冰围困过一年。这个问题很严重，我怕影响军心，没有宣布，也没有在碰头会上让大家讨论。现在想听听你的意见。"

陈总如此信任我，把隐情对我讲了，我心里的忐忑情绪立刻得到了缓解。也许是上次关于是否再有冰崩和强西风的预告被我们说准了的缘故吧，陈总和魏船长想听听我关于浮冰的意见。

我知道我的答案的分量，但我真的没有把握做这种预测。

　　过去，我参加过多次登山科学探险活动，懂得在极端困难时期领导者自信心的重要性。我想，既然没有根据说"极地号"四周的浮冰不能裂开，我就宁愿相信浮冰会裂开。人总不应该自己吓唬自己吧？

　　基于这点，我望着两位领导，郑重地说："浮冰能裂开。"魏船长急切地问："要多久？"这个问题太难了，我沉思，没有立即回答。陈总似乎看出了我的为难，笑笑说："没关系，你大胆说吧！"我灵机一动说："至少要20天。"两位领导都笑了。陈总说："那好，我们等着这一天。"

　　说完，我离开了指挥台，刚松了一口气，但转念一想又觉得压力倍增。我从来不做这样无根据的预测，但这次我并不后悔，因为在这种特殊情况下，这是无奈之举，再说，我也是一片好心啊。

　　1月21日晚饭后，直升飞机起航去侦察冰情。半个小时后，直升机返回，报告给大家一个振奋人心的好消息：围困"极地号"考察船的浮冰裂开了！没有用20天，只用了一个星期，"极地号"重新焕发了生机！

　　船队根据侦察报告，决定起航突围，开到中山港卸货。北京时间晚上9时，"极地号"起航。队员们奔向船头，奔向指挥台两侧，观赏"极地号"如何突破重围。魏船长又登上指挥台，亲自操舵；大副在指挥台两侧跑来跑去，观测冰情，及时向船长报告。"极地号"根据浮冰裂缝的位置，弯弯曲曲地沿着裂缝挤开浮冰，向着不远处的水域开去。

"极地号"突破浮冰包围，驶向中山站建站地址。

北京时间晚上 10 时 25 分，"极地号"终于冲出了浮冰围困区。当"极地号"驶过最后一座宛如一只巨型海豹的高大冰山时，人们情不自禁地喊出："万岁！万岁！"这欢呼声越过冰山，仿佛传到了中山港；这欢呼声划破极地的夜空，仿佛传到了万里之外的首都北京。队友们兴高采烈地相互合影留念，纪念"极地号"冲破重围的瞬间，铭记我们被浮冰围困的日日夜夜。

　　突围成功后，我们夜以继日地开展建站工作，终于把耽误的 30 天弥补回来了。1989 年 2 月 26 日，我们圆满完成南极中山站的建站任务。中国人终于在南极圈内有了自己的考察站——中国南极中山站。中国科学家在南极圈内有了自己的观测研究基地。

　　回望建立中山站的过程，那真是既艰辛又精彩，既危险又难忘。或许你会问我，冒着生命危险做这样的事值得吗？于国家而言，南极中山站意义重大，在后续的南极科考中发挥着重要作用；于我个人而言，这样的科考经历是毕生的宝贵财富，这是值得骄傲一辈子的事呀！

人见人爱
的企鹅

1984 年我第一次赴南极科考时，8 岁的儿子曾经给我来信说："爸，请您一定要给我多拍一些企鹅的照片回来，企鹅走起路来摇摇摆摆的样子太可爱了！"企鹅是南极的明星，是人类的朋友，深受孩子们的喜爱，相信你也不例外。

企鹅生活在南半球

前面说到，我们在南极建立中山站的过程中，遇到可怕的冰崩，"极地号"被浮冰团团围住，前途渺茫。当时为了工作需要，考察队领导决定，把船上21名相对"老弱"者转移到岸上。一名留守在船上的队员给了上岸者一张便条，上面语重心长地写道："求你啦，上岸后，请你帮我拍几张企鹅的照片，这是我的儿子要我完成的任务。"在生死存亡的关头，他首先想到的竟是要为儿子拍摄企鹅的照片。

科学家研究表明，世界上的企鹅共有18种，分别是帝企鹅、王企鹅、阿德利企鹅、巴布亚企鹅、翘眉企鹅、南跳岩企鹅、帽带企鹅、马可罗尼企鹅、非洲企鹅、小蓝企鹅、加岛环企鹅、斯岛黄眉企鹅、黄眼企鹅、黄眉企鹅、皇家企鹅、北跳岩企鹅、洪堡企鹅和麦哲伦企鹅。

生活在南极的企鹅

帝企鹅

王企鹅

巴布亚企鹅

阿德利企鹅

帽带企鹅

南跳岩企鹅

翘眉企鹅

马可罗尼企鹅

我在全国几百所小学进行科普讲座时问过一个问题："企鹅生活在地球的什么地方?"绝大多数同学的答案是"南极"。然而，正确的答案应该是"南半球"。

你可要记住了，世界上的企鹅生活在南半球，而不仅仅生活在南极。我来给你介绍一下生活在南极的几种企鹅吧。帝企鹅，身高1米以上，体重可超过30千克，是企鹅中最高大的。帝企鹅是唯一在南极大陆沿岸一带过冬的鸟类，并在冬季繁殖。帝企鹅每次只产一枚卵，孵化时由雄企鹅将卵放在两脚的蹼上并用肚皮将其盖住，在此期间，雄企鹅停止进食，完全靠身体的脂肪维持生命。等到小企鹅孵出时，企鹅爸爸的体重可减轻约1/3。

王企鹅，身高90厘米左右，体重15～20千克，是南极最"苗条"的企鹅。它们主要分布于南大洋一带及亚南极地区，最北可到新西兰一带。王企鹅和帝企鹅的区别，除了身高、体重的差异外，王企鹅在头部的两侧和后部分别有一圈黄色的毛，这是帝企鹅所没有的。

阿德利企鹅是南极数量最多的企鹅，你要是来到南极，最有可能碰见的就是阿德利企鹅。它们经常成群结队地游荡于南极有浮冰的水域。

巴布亚企鹅，又名金图企鹅，分布于南极半岛和南大洋的岛屿上。在它们头部的黑色羽毛中镶嵌有白色的带状羽毛。

帽带企鹅，又名南极企鹅，主要分布于南极地区，有时游荡到南极圈以外。在帽带企鹅的颈部，雪白的羽毛中横向镶嵌着一条黑色的带状羽毛，宛如帽带，故而得名。

翘眉企鹅，分布于亚南极地区和新西兰一带水域。它们头顶黑毛竖立，威严庄重的神态常获得孩子们的青睐，被孩子们戏称为"酷毙了"的企鹅。

马可罗尼企鹅，分布于亚南极地区，头顶有两撮黄毛。马可罗尼企鹅的"造型"十分奇特，很像18世纪欧洲打扮时尚、生活奢侈的花花公子，"马克罗尼"的英文有"花花公子"的含义，人们特意以此命名这种企鹅。

南跳岩企鹅，分布于亚南极地区，是南极企鹅中个头儿最小的。它们头顶上几乎直立的黑毛和镶嵌在两侧的金黄色羽毛使其显得颇有风度。

企鹅的生活史

收集展现企鹅生活史的照片着实不容易，尤其是像我这样只参加过夏季考察活动的队员。我所获得的企鹅生活史照片中的一部分是南极考察队的日本朋友拍摄的。我所讲的企鹅生活史，是我在三次赴南极考察过程中，与国内外科学家交谈时了解的。

据说，企鹅在孵化出来四五个月后，就到了"青少年时期"。这个时期的企鹅要完成一件"终身大事"，那就是对歌求偶。企鹅对歌求偶的场面非常壮观、热闹，充满激情的歌声此起彼伏。对歌求偶成功后，"情侣"要到比较偏僻的地方"说悄悄话"，讨论如何组建自己的家庭和今后的家庭生活。

有了另一半，企鹅便开始衔石筑巢，用自己的劳动建设温馨的家。雌企鹅产卵后，便到海边"休产假"去了；自觉的雄企鹅主动承担起孵卵的责任，在寒风凛冽的冬季，用父亲特有的温暖庇护孩子平安诞生。

对歌求偶

互诉衷肠

衔石子筑爱巢

企鹅爸爸肩负孵蛋重任。

企鹅爸爸哺育小企鹅。

企鹅宝宝被集体"看护"。

　　小企鹅诞生后，绝大多数企鹅妈妈会从海边"疗养"归来，与企鹅爸爸共同抚养后代。然而，也有极少数企鹅妈妈被海豹吞食，导致悲惨的结局：家庭消亡或者小企鹅被其他家庭"收养"。小企鹅出生二三十天后，就会被企鹅爸爸妈妈送到"幼儿园"，在几个企鹅"阿姨"的照顾下逐渐成长。

　　1984～1985年，我和中国南极考察办公室的李果受日本极地研究所的邀请，参加了日本第26届南极考察队，成为第一批参加日本南极考察的中国人。1985年1月28日，在我们回国前夕，日本考察船特意派遣一架直升机送我们两位中国交换学者和三位日本生物学家川口弘一、松田治和石川慎吾，一道去参观南极的企鹅"幼儿园"。这个企鹅"幼儿园"位于一座名为"翁古尔"的小岛。据说，这个岛是挪威一位探险家乘坐飞机时发现并命名的。

　　这座企鹅岛上有三个"幼儿园"，每个"幼儿园"有20只左右小企鹅和两三只企鹅"阿姨"。在参观企鹅"幼儿园"时，我把一架微型录音机放在了上衣口袋中，录音机的白色带子露在口袋外面。我慢慢地接近小企鹅群，在确认小企鹅与我友好的情况下，打开录音机的电源，开始录音。我当时小心谨慎地问小企鹅："你叫什么名字?""你喜欢吃什么东西?"……不管我问什么问题，小企鹅总要迟疑好久，然后才抬头对我

"昂——昂——"地叫两声，以作回答。20分钟之后，录音带用完了，我的"采访"才不得不终止。

晚上，回到考察站住处，我回放录音带，反复听了好几遍。我当然听不懂企鹅说什么，但是我似乎发现了一个规律：当我问话的声音大时，小企鹅"昂——昂——"的声音也大；反之，小企鹅的声音就小。我突然明白了，也许小企鹅并不是在回答我的问题，而是在学我说话。

三极名片

王企鹅

分类：企鹅目企鹅科王企鹅属

身高：约90厘米

食物：甲壳类动物、小鱼

分布：南极地区

王企鹅的海滨乐园

南乔治亚岛的"鹅山鹅海"

南极地区的王企鹅几乎集中分布在南乔治亚岛，这里居住有约 16 万对王企鹅。它们聚居在南乔治亚岛四周的沙滩上，常常出没于海水与沙滩之间，嬉戏玩耍，悠然自得。

企鹅几乎都是在它们的聚居地方便，因此我们在参观企鹅时，几乎在离它们聚居地百米外就能够闻到排泄物的味道。只有王企鹅不在自己居住的地方排泄，它们聪明地到海水中去处理。因此，人们评价王企鹅是"世界上最讲卫生的企鹅"。人们喜欢接近王企鹅，甚至在王企鹅群中躺下来与它们合影，给它们拍照。

2005年3月5日，我们来到南乔治亚岛，随处可见"鹅山鹅海"的场面。我们刚到不久，两位队员就分别被几只王企鹅热情地包围起来了，王企鹅好像舍不得他们离开似的，让两位队员受宠若惊。有一位女士似乎最懂得王企鹅的心，她干脆趴下，把头靠近王企鹅，脸上带着亲切的笑容，环顾四周的企鹅朋友，企鹅也更紧密地靠近她。

你看，王企鹅在海滨的浅水区嬉戏，有的正潜入水下，有的在水里扑打，有的刚从水中爬起来，千姿百态。特别有趣的是，三只王企鹅刚从海水里冲浪回来，它们被海浪追逐，紧张地快速向岸边跑来。约3秒钟后，海浪消失，这三只王企鹅已经安全到达海滩，它们轻松愉快地跳起了和谐的"芭蕾舞"。

在陆地上看到的王企鹅给我们的感觉是，它们很憨厚，不算活泼。如果你在王企鹅聚居的海滨长时间停留，并特别关注王企鹅往返于沙滩与海水之间的过程时，你会发现，海滨是王

企鹅的乐园。

　　我趴在海滩上，专心致志地拍摄海上王企鹅的活动照片。两个多小时的专心拍照，使我获得了一部小型的"企鹅故事记录片"。我带你来看看。

　　请看，王企鹅正在举行"水上花样游泳比赛"，每一队企鹅按照比赛规则有序参赛。

　　一支参赛队伍准备入水了。队长在岸边指挥"预备——跳"，队员们便齐刷刷投入大海。其中两位队员的入水姿势特别标准，我给了它们特写镜头。

　　经过"大赛评委会"认真评审，评委们选出了冠军、亚军和季军。季军表演的是"一字长蛇阵"，队员们一字排开，分外整齐；亚军表演的是"等腰三角阵"，富含科学性，队员们摆出了标准的等腰三角形阵型；冠军更不简单了，它们似乎懂得足球比赛规则，奇迹般地表演了足球进攻阵型中最尖端的"三四三阵型"（三个前锋、四个中锋、三个后卫）。

冠军表演的"三四三足球进攻阵"

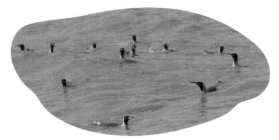

亚军表演的"等腰三角阵"

季军表演的"一字长蛇阵"

　　一支没有获得前三名的参赛队伍平静地在一起开会总结。那位站在第一排中间的队员，长时间地低着头，仿佛在诚恳地自我批评："队长，对不起，比赛中我连续三次犯错误，影响了全队的评分。"队友听了都很感动，友好地点头示意。队长更是热情地转过头来，好像在安慰与鼓励它："没关系，咱们明年再来。"

　　目睹了王企鹅"参加花样游泳比赛"后的"总结会"，我不禁陷入深思。获得前三名，当然光荣，值得高兴。但是我们要明白，无论是奥运会，还是学校的校运会，能够获得前三名的毕竟是极少数，大部分是不能获奖的。这是铁的事实，是我们大多数人要面对的。

　　人也好，企鹅也好，一生总会有失败的经历。失败不可怕，关键是失败后要善于吸取教训，不能够灰心，才能更好地再次出发。

企鹅的趣味旅行

　　到了春天，企鹅开始旅游。旅游的方式有两种，一种是陆上旅游，一种是海上旅游。陆上旅游主要是雪上旅游，企鹅趴在雪上，两脚蹬动，滑雪前进。海上旅游是企鹅聪明才智的体现，它们选择一块大小合适的冰山，大家结队免费乘"冰舟"。需要进食时它们就跳下海捕食；不需要进食时，大家安安稳稳

企鹅的"冰舟"旅游

地在"冰舟"上休息，尽情观赏南极风光，优哉游哉，直到抵达目的地。

1985年2月9日下午4时许，考察船上广播"发现鲸鱼"，队友们纷纷登上甲板，准备观看鲸鱼并拍照。但是，谁也没有发现鲸鱼，寒风把队友们陆续"送回"了船舱。甲板上只剩下我一人。我依依不舍地望向远方，盼望鲸鱼出现。

约10分钟后，我依旧没有看见鲸鱼，但我看见考察船的左前方有一块大冰山，冰山上站立着很多企鹅，好像向考察船移动过来。

真是失之东隅收之桑榆！我满怀希望地在甲板上等待。为了拍摄的距离更近，我赶忙爬上第一层甲板，并尽快走向船头。

冰山越来越近，冰山上的企鹅越来越清楚，我用200毫米的长镜头拍照。寒风呼啸，我的手冻得发僵。等拍了好几张照片后，我才看见身边不知什么时候来了一些队友，他们也在拍照。此时我才发现，我下身只穿了一条棉毛裤，就这么在寒风中待了半个多小时。

〉催人泪下的母爱

2005 年 2 月 26 日，在南极天堂湾的阿根廷科学考察站，我无意中目睹了企鹅妈妈尽心尽力为孩子捕食、哺喂孩子的动人情景，在 20 多分钟的时间里，我含着热泪拍摄了这一过程。

幼小的企鹅不会捕食，还需要妈妈的帮助。两只小企鹅向妈妈要食吃，企鹅妈妈下海捕食，回来后反刍将食物喂给孩子

企鹅妈妈嘴对嘴地哺喂孩子

们。那不断从妈妈嘴里吐出的白丝表明妈妈在倾尽全力喂养孩子们。

看到这里，我突然想起小时候我的妈妈喂我的情景。当我还不会吃饭的时候，妈妈也是把食物碾碎喂给我。

小企鹅没有吃饱，再次找妈妈要吃的。企鹅妈妈应孩子们的请求，又下海去捕食，回来哺喂孩子们。孩子们还没有吃饱，又把小嘴伸向妈妈的大嘴，似乎在说："妈妈，我还要吃。"于是妈妈第三次下海捕鱼了。

这回企鹅妈妈好长时间没有浮出水面，我开始担心了。好久好久之后，企鹅妈妈终于游出了水面，然而它并没有像前两次一样上岸哺喂孩子们，而是站在岸边一块礁石上，用遗憾的目光遥望着岸上的孩子们。

我明白了，企鹅妈妈因为没有捕到食物，不知该如何面对满含期待的孩子们。我突然涌出了热泪，可怜天下父母心，在这一点上，动物与人类亦是相似的。想一想，你也曾像小企鹅一样嗷嗷待哺，而你的父母也像企鹅妈妈一样含辛茹苦地养育着你。我们都应该懂得感恩——感恩我们的父母，感恩所有帮助过我们的人。愿我们在与企鹅和谐相处的过程中，能够感悟到更多美好。

神奇的
日出日落

你见过日出日落吗？我热爱大自然并且喜欢拍照，我拍摄过青藏高原和中国东海之滨的日出日落。从此，我便梦想着拍摄世界各地的日出日落，而南极的日出日落尤为特别。

美丽的日出日落

日出自古为人们所歌颂和喜爱。白居易在《忆江南·江南好》一词中有"日出江花红胜火，春来江水绿如蓝"的描写。唐代张蠙在《登单于台》一诗中吟出"白日地中出，黄河天外来"，充满豪迈气概，当诗人在黄河上游看见红日从地平线升起时，恰好看见飞流直下的黄河瀑布，那是多么壮观动人啊！19世纪俄国作家屠格涅夫曾经对日出做过这样的描绘："朝阳初生时，并未卷起一天火云，它的四周是一片浅玫瑰色的晨曦。"毛泽东同志把青年人比作"早上八九点钟的太阳"，对他们寄予无限的希望。

日落这一自然景观亦使不少文人为之动情。宋代朱熹在《晚霞》一诗中写道："日落西南第几峰，断霞千里抹残红。"给人展示了一幅"夕阳无限好"的美好景色。唐代崔颢在《黄鹤楼》一诗中留下了千古名句："日暮乡关何处是？烟波江上使人愁。"充满了"夕阳西下，断肠人在天涯"的游子思乡苦闷之情。

唐代著名诗人王维在《使至塞上》中写下的"大漠孤烟直，长河落日圆"，给后人留下了一幅沙漠日落的壮观画面……

我喜欢观看日出日落，更喜欢拍摄日出日落。我曾经在峨眉山观测并拍摄日出日落，在珠峰北坡大本营等待拍摄日出日落，在赤道海洋上抓拍日出日落……我深知日出日落瞬间的美丽动人和扣人心弦。

你可别以为日出日落是每天都有的事，拍起来应该不难。其实不然，拍摄日出日落不是那么容易的事，你必须了解当地

南极洲日出时的雪山和浮冰

日出日落的时间，日出日落的方向必须没有云，你才可能拍摄出太阳从地平线慢慢升起或太阳逐渐没入地平线的全过程。

拍摄南极地区的日出日落更不是一件容易的事，因为南极地区的日出日落时间与季节和纬度密切相关。在南纬66°～70°，2～3月的日出是在当地时间午夜之后，日落是在当地时间晚上9～10时。由于考察船在不断地移动，在船上日出日落的时间也要随之变化。拍摄南极日落相对较易，拍摄南极日出则很难。

拍摄南极日落

南极日落虽然相较于日出容易拍摄些，但在南纬 70° 附近，只有在南极夏末冬初才能够拍摄到日落。

1985 年 2 月 3 日，考察船停泊在南纬 68° 附近。晚上 9 时 15 分，我带着长焦镜头相机，来到左舷甲板，关注西偏北方向，等待拍摄日落。

第一次等待南极日落需要一点耐心，因为我不确定南极的夕阳到底需多久才没入海平线。我欣赏着日落前的美景。西面的天边挂着一些层积云，夕阳映照，云层泛起了红黑相间的光带。晚霞洒在碧蓝色的波涛上，远望，宛如红蓝相间的彩色地毯。太阳慢慢地下落。我索性面对大海唱起与日落有关的歌来："日落西山红霞飞，战士打靶把营归……"

35 分钟过去了，正值晚上 9 时 50 分，太阳刚刚接近海平线。很奇怪，天暗下来，唯独太阳宛如一团火球，太阳四周的天空却呈黑色。

晚上9时54分，太阳将近有一半没入海平线，天空反倒明亮了一点，天边的层积云又依稀可见。

晚上9时58分，太阳快要完全没入海平线了，天边的云彩迅速泛起一层红晕，就像火烧天空一样，比日落前的天空明亮多了。

随着太阳渐渐落下，太阳周围的天空却越来越亮。

〉等待拍摄日出

要想观看日出，并非易事。正如作家刘白羽所述："太阳的初升，正如生活中的新事物一样，在它最初萌芽的瞬息，却不易被人看到。看到它，要登得高，望得远，要有一种敏锐的视觉。"

1985年1月底到2月，我在日本的南极考察船"白濑号"上，多次体会到了拍摄南极日出的不易，更享受到了拍摄全过程的乐趣。

1月29日夜，考察船到达南纬69°附近。为了拍摄日出，我从午夜12时起，一直在甲板上等待。我穿上羽绒衣，戴上皮帽，在甲板上踱来踱去，不时望向东偏北方向。从南极大陆吹来的东南风，令我颇感寒意。有时实在太冷，我就躲进舱里暖和一下，但很快又回到甲板上，总怕错过拍摄日出的机会。

时间过得真慢，真有长夜难熬的感觉。东北方的天边，红彤彤的霞光在静静的南极之夜分外漂亮。这就是南极夏季的

南大洋又称南冰洋，是唯一环绕地球且未被已发现大陆分割的大洋。

夜，并不黑暗，只不过不能直接见到太阳而已。

　　我自己背着两台带有变焦镜头的相机，相机分别装着彩色负片和正片，我盯着东北方的天边，不时地拍下动人的美景。夜深人静，船舱内为取暖和照明而发电的马达声阵阵传来，仿佛给这宁静的夜空增添了一点生气。

　　我望着北方，遥想北京的亲人们。此时，大约是北京时间早上6时了，许多人还在沉睡之中，只有那些远道上班者该起床了。我的夫人和两个孩子也应在睡梦中。也许，外婆快起床为孩子们做早餐了，因为长子要在7时去上学。一瞬间，我的心仿佛飞回了北京，飞回了家⋯⋯

　　东北边的云层逐渐加厚，原来的霞光逐渐淡了。据我的经验判断，今晨难以等到拍摄日出的机会了。

可是我并没有立刻离开甲板。拍摄南极日出，这是我很强烈的心愿。我总不太死心，仍然继续坚持着，等待着。人就是那么奇怪，有时会以情感代替理智。

云层逐渐加厚，东北方向几乎没有了云缝。时间已过当地时间的凌晨3时，看来今晨确实无望了。我只好扫兴地回到舱内休息。

同室的小李正酣睡着，有节奏的轻微呼噜声显示他正在甜梦中。我不忍心惊醒他，没有打开床头灯，直接摸黑钻进了被窝。

第一次等待拍摄日出，没有成功。

再次等待拍摄日出

2月10日凌晨，考察船停泊在南纬70°、东经24°的海面上。大约2时20分，我突然醒了。根据考察船上的航海日记记载，这些天来的日出时间为凌晨3时30分左右。既然醒来了，我不愿继续在床上待着，干脆翻身起床，轻手轻脚地到卫生间用冷水擦擦脸，把睡意赶跑。我准备今天凌晨再上甲板等待拍摄日出。

我穿上鸭绒衣裤和皮靴，带上两台长焦镜头的相机，向左侧的底层甲板走去。刚一推门，猛地吹来一阵寒风，真感凛冽。迎着寒风我走到左舷，这儿正面向东方，应该是太阳升起的方向。

2时45分，天边泛起一片淡淡的红光，太阳似乎快要升起。此时风很大，气温低，不便在船舷久留。我只好向考察船的前部走去，找到一处可以避风的过道，等待着。

我不时望着东方，唯恐错过拍摄日出的机会。

时间过得真慢，夜静得真让人难以忍受。我踱来踱去，哼着从小学时代起就爱唱的一首又一首歌曲，以打发这难熬的时光。海风呼啸，海浪拍打着船舷，发出"嘭——啪——，嘭——啪——"的撞击声，似乎是在为我的歌声伴奏。我突然想起《军港之夜》那首歌的歌词来："军港的夜啊静悄悄，海浪把战舰轻轻地摇。年轻的水兵头枕着波涛，睡梦中露出甜美的微笑。海风你轻轻地吹，海浪你轻轻地摇……"我凄然一笑："我这里根本不是那么回事啊！"

我关注着太阳即将升起的地方，也不时地看看手表。好不容易等到了 3 时 30 分，应该是日出的时候了。然而，太阳仍然没有升起，只有淡淡的朝霞渐渐映红了天空。

快到 4 时了，太阳不仅没有升起，原来映满天空的光芒反而变淡了，太阳仿佛要回去了似的。我真纳闷儿：南极的日出怎么这样怪呢？

寒风强劲地吹，海浪不断冲击着船舷。队友们正在熟睡中，我的室友小李大概正梦回故乡吧。

我随意地哼唱着我熟悉的歌曲，自娱自乐地等待日出。"军港的夜啊静悄悄"脱口而出，我越唱越觉得这歌词与现在的景况不符，于是把歌词稍作修改，重新唱起来："军港的夜啊静悄悄，海浪把军舰拼命地摇，我站在船舷等待着日出……"

4 时 10 分，东方终于出现晨曦，并逐渐有红光升起，我赶忙连续拍下这些画面。

4时16分，太阳刚刚露出海平线，边缘四周出现淡青色光环。真奇怪，我从来没有见过这种景象。我屏住呼吸，断断续续地拍照。太阳渐渐升起，圆弧状的太阳露出了海平线。

4时20分，约有1/4的太阳已露出海平线，天空的红色逐渐变深，太阳的周围似乎镶上了一圈黄色的光环，在光环之外，天空开始变暗。我怕错过机会，赶忙不停地拍照。此时，我的手指已冻得麻木，我哈着热气交替地暖和我的左右手，以便拍照和录音。

4时24分，3/4的太阳露出了海平线。在太阳光环的周围，天空变得更暗了。

4时28分，朝阳恰恰升到海平线上。奇怪！除了太阳周围一片红光外，天空反而变黑了。我抓紧拍照。

4时30分，我怀着极度兴奋的

随着太阳渐渐升起，太阳周围的天空反而越来越黑。

心情，搓着我冻麻了的手指，返回船舱。为不惊醒小李，我轻轻地脱掉外衣，钻进床帐，埋头记下日记，并即兴填写了一首《如梦令·神奇日出》："今夜等拍日出，寒风海浪大作。唱尽小儿歌，太阳神奇渐露。奇遇，奇遇，天空慢慢黑去。"

三极名片

南大洋

外文名：Southern Ocean

面积：约 7700 万平方千米

海水温度：-2℃ ~ 10℃

生物资源：磷虾、须鲸、海豹等

〉解释奇怪现象

　　1985 年 6 月，我从南极考察归来的第二个月，所长曾庆存院士组织全所研究员和副研究员听取我的南极考察报告。当时，我是一位助理研究员，要在这些前辈面前做学术报告，真是有点紧张。在报告末尾，我用幻灯片展示了我拍摄的日出日落照片。会场突然鸦雀无声，也许大家被这从来没有见过的奇特现象惊呆了。

　　稍过片刻，我的老师叶笃正院士站起来，激动地指着我问："高登义，你是不是洗错照片了？"我愕然，赶忙拿出我的原胶片递给老师们看。那是一卷彩色正片和一卷彩色负片。当我的老师和其他几位老师先后看完胶片后，大家相信我了。

　　为什么南极地区的日出日落景象和其他地方如此不同？太阳还在海平面以下时天空比较明亮，而当 1/2 太阳升到海平面上时天空反而变黑；日落几乎与日出过程中的现象正好相反。

　　会后，我的老师和其他几位前辈留下来与我讨论了半个多小时，得出了如下的初步解答。当太阳赤纬为 $-23°27'$ 时，正是南半球的夏至。太阳赤纬又称赤纬角，是地球赤道平面与太阳和地球中心的连线之间的夹角。南极圈上的白昼时长达 24 小时，即南极圈全天可以看到太阳在地平线以上。在南纬 60° 左右的地方，会出现白夜现象，越往南，白夜的季节持续时间越长。所谓白夜，是指在极高纬度地区的夏季，常在暮光消失之前就出现曙光，整个夜间都呈现淡淡明亮的一种自然现象。

在南半球高纬度地区，如在南纬 69°～70°，当太阳还在海平线以下时，由于白夜现象，天空本就微明，加之南极大陆 95% 以上的表面均被冰雪覆盖，像一面巨大的明镜把海平线以下的太阳光反射到天空。这两部分光叠加在一起，就使天空呈现出淡淡的红光。

日出时，当一半太阳升到海平线以上时，南极大陆的冰雪明镜作用已不能再反射太阳的光芒，映入眼帘的只是太阳的直射光，即人们只能看见太阳本身及其周边的光环，因而天空便显得黑洞洞的。另外，由于南极地区空气非常洁净，刚刚离开海平线的太阳光几乎不受任何气溶胶粒子的折射作用影响，所以人们看不到折射光芒，这也是天空比较黑暗的原因之一。

日落与日出的过程恰恰相反，可用同样的原理来解释。

我在北极也拍过日出，下面的五张北极日出照片，是我在北极格陵兰东部海域拍摄的，地点是北纬 73°14′、西经 13°40′，时间是 2014 年 9 月 17 日当地时间上午 6 时 1～10 分。你能看出北极的日出日落与南极的有什么异同之处吗？感兴趣的话不妨自己琢磨琢磨。

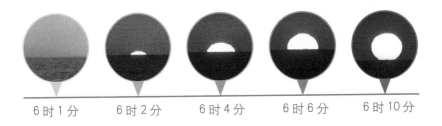

6 时 1 分　　6 时 2 分　　6 时 4 分　　6 时 6 分　　6 时 10 分

幻梦般的极光

神秘而绚丽的极光，仿佛神话或梦境中才会出现的景象。若你憧憬极地风光，那你一定憧憬极光。极光可遇而不可求，不仅为极地的人们带来光明与美的享受，还蕴藏着巨大的能量。

极光形成的原因

　　极光是南极与北极地区特殊的自然光现象，南极地区的极光称为南极光，北极地区的极光称为北极光。极光常在纬度靠近地磁极地区的上空出现，一般呈带状、弧状、幕状、放射状等。频繁而剧烈的太阳活动及地球磁场，造就了绚丽的极光美景。

挪威北部的特罗姆瑟是北极光的最佳观测地之一，被誉为"极光之都"。

极光的英文称作"Aurora"，源于古罗马神话中黎明女神的拉丁语名字。传说古罗马时期，人们就把极光视为极地地区的神明。很久以前，当因纽特人首次看到北极光时，他们不知极光为何物，惊恐万分，认为灾祸即将来临，人人跪倒在地，祁祷平安无事。还有人马上离开，他们认为这是神灵在警告他们。

极光的科学原理究竟是什么？从太阳表面发射出来的带电粒子流，从外层空间疾驰而来，猛烈地冲击着地球南北两极地区高空稀薄的大气层，将大气分子激发到高能级，从而发出耀眼的可见光，这就是极光。打个比方，如果把地球空间看作一个电视显像管，将地球磁性层尾部的中央比作电子枪，将极地高层大气视作荧光屏，那么极光就是这个荧光屏上的图像。

三极名片

极光

英文名：Aurora
形状：带状、弧状、幕状、放射状等
颜色：红色、绿色等
极光区：地磁纬度 25°~30°

顾名思义，极光应该出现在地球的极区，南极和北极地区是观测研究极光的好地方。但两相比较，由于南极地区主要是大陆，而北极地区主要是海洋，在南极地区观测和研究极光更为有利。南极的中国中山站、昆仑站和日本昭和站都是调查极光活动的有利位置。

一般说来，极光容易在地磁纬度的 67° 和 110 千米高度附近出现。有时，当太阳风阵风风速超过其正常风速时，热层中的电流增强，影响地磁活动，在这种情况下，地磁磁性层被压缩，极光区也会被推向地磁纬度较低的地方。当极光在地磁纬度的 61° 附近出现时，南极的英国哈利站和美国赛普尔站也能观测到极光。

〉为什么要研究极光

现在科学家研究极光活动的目的，主要在于通过它来研究地球大气热层中，等离子体的某些物理现象及其对通讯和人造地球卫星轨道的影响。当带电粒子落入极光区时，可产生一个电子浓度大大增强的薄层，令地面发射机发出的高频无线电波异常。此外，极光区的粒子还会加热大气的热层，引起局地大风。极光还能使热层大气明显变暖，电子浓度增大，影响飞行高度低的极轨卫星轨道。

极光在地球大气层中投下的能量，可以与全世界各国发电厂产生的电容量总和相比。这种能量常常干扰无线电和雷达的信号。极光所产生的强力电流，也可以影响长途电话线路或微波的传播，使电路中的电流局部或完全损失，甚至使电力传输线路受到严重干扰，导致部分地区暂时失去电力供应。

极光具有巨大的能量，可以达到几千电子伏特。在历史上有记载的极光资料中，最惊人的一次极光出现在1859年，其产生的电流十分强大，以至于一位电报员不用电池就把电报从波士顿发到了波兰。怎样利用极光所产生的能量为人类造福，是当今科学界的一项重要课题。

在极夜期间，生活在极地的科学家常常被漫长的黑夜困扰，美丽的极光划破了漆黑的夜空，给极地考察带来光明和生机的同时，还给人们带来美的享受，这正是极地人所期盼的幸福时光。因此，极地大气科学家历来非常关注极光的观测研究，这不仅在于极光在高空大气科学中十分重要，还在于极光与极地科学家的生活休戚相关。

那么，在极昼期间是否就没有极光呢？其实不是，在南极和北极，极光全年都存在，但因为极昼期间的太阳可见光强，人们用肉眼就看不见极光了。

极夜

英文名：Polar Night
范围：极圈内地区
原理：地球自转与公转的轨道特性导致
特点：一天 24 小时都是黑夜

三极名片

拍摄南极光

1985 年 2 月 28 日晚上 11 时 45 分，我隐隐约约听到广播里传来几声异常兴奋的喊声。接着，只听走廊里人声喧哗，人们似乎在往甲板上奔跑。这时，藤井先生推开我们的宿舍门，喊着："高先生，有极光！"我一翻身，提起相机，披上外衣，迅速向甲板奔去。

甲板上已挤满了人，很热闹。我挤到后甲板中部，仰望天空。天空中有微弱的极光，淡白色，呈扇状。甲板左右摇晃，使我觉得天空中的极光似乎也在左右摆动。我的胶卷是 100 度，感光度不足，我明知拍照效果不会好，但机会难得，还是先拍了两张。

我观望着美丽的南极光。过了数分钟，天空中出现若干条带状的极光，我又拍了一张。又过了一会儿，左舷上空出现彩色极光，宛如彩色飘带重重叠叠。我激动地又拍了几张。直到午夜 12 时 8 分，人们才纷纷离开甲板，大概不会再出现极光

南极光壮丽奇特，通常
出现在南纬67°附近。

了。我最后一个离开甲板，依依不舍。

这是我第一次看到极光，着实难忘。回到宿舍，已是 12 时 25 分了。我即兴写了一首小诗《南极光》："天高云淡夜空寒，光束飘舞繁星闪。举首仰望南极光，酷似国庆礼花现。"

这天晚上，我正在睡梦中，模模糊糊听到广播中传来"Aurora"的声音。因为实在太困，我没有立刻翻身起床，只是专注地听着走廊里的动静。一会儿，对门有人开门往甲板走去。顷刻间，走廊里的脚步声越来越密。

"有极光。"我情不自禁地自言自语，并一翻身起了床，穿上毛衣和雨靴，往甲板上走去。果然，满天极光浮动，甲板上又有不少人。我寻找机会，断断续续地拍了几张照片。

甲板上人越来越多，风大，浪大，船左右摇摆。我耐心地等着。不一会儿，在右舷上空出现了色彩绚丽、袅娜多姿的大面积极光。我几乎是屏住呼吸，频频拍照……

当我返回宿舍时，小李仍在睡梦中。他也许太疲倦了，我叫了他两次，他仍然迷恋着梦乡。我在心里对他说："错过今晚观赏极光的良机，也许得来年再见了。"

又有一天晚上，我在睡梦中，似乎听到有人喊"Aurora"。我立即翻身起床，拿着相机往甲板上跑去，然而甲板上空无一人。举目望天空，但见薄云飘飘，繁星闪烁，全无一点极光痕迹。考察船正向东开去。海风吹来，寒意令我清醒。我看了看手表，正是凌晨 2 时 35 分。由于起床急，我只穿了一套尼龙运动衫，为使身体稍感温暖，我在甲板上慢跑起来。我盼望南极光能够出现，然而 10 多分钟过去了，还是不见极光，我只好离开了甲板。

回味这段经历，我感觉自己仿佛做了一场"极光梦"，忍不住随手写了一首小诗《极光梦》："朦胧呼唤有极光，翻身提机出船舱。甲板幽静寒风伴，繁星闪烁如梦乡。"

极光的确如梦似幻，不仅因为它美丽，还因为它转瞬即逝，能不能看到、能不能拍摄到，有时要看缘分。我即便如此执着地追逐极光的"身影"，也未必能抓住它的"裙角"，拍摄到如意的南极光照片。你若是贪睡、怕冷或嫌麻烦，就更无法得到极光的"青睐"了。

〉拍摄北极光

2014 年 9 月中旬到下旬，我在北极格陵兰东岸及其邻近海域考察。根据北极光出现的规律，如果幸运，我们可能遇见极光。果不其然，9 月 19 日晚上 11～12 时，我们在船上拍摄到了北极光。

这次拍摄北极光是一次实习和学习的机会。我的徕卡数码相机的最高感光度为 3200 度，光圈 2.8，曝光时间最慢为 1/8 秒，调不出拍摄北极光需要的曝光条件，无法拍照。我只好改用佳能数码相机，但我的镜头是 70～300 毫米，广角度不够，也难以抓拍极光。

夜空中的北极光形状瞬息万变，非常诱人。有不少队友是摄影"发烧友"，他们把各种各样的变焦镜头安装在相机上，兴奋而紧张地拍摄北极光。而我的相机无法拍摄，我着急，又不好意思求助队友。我一边兴奋地观望极光，一边在甲板上走来走去，寻思拍摄的办法。

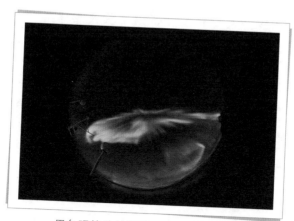

用鱼眼镜头拍摄的北极光宛如旋涡

　　幸好一位姓潘的队友伸出援助之手，主动把他的 16～35 毫米的镜头借给我用，并帮助我调好手动拍照所需的参数：感光度 6400，光圈 2.8，曝光时间 2 秒。怀着感激之心，我抓紧拍照。我没有带三脚架，只好把胳膊紧紧靠住栏杆，尽可能稳定地拍摄极光。不论如何，我终于拍摄到了北极光。这是我生平第一次用数码相机拍摄北极光。

　　9 月 23 日当地时间凌晨 2 时许，在快要到达冰岛的海面上，我们又拍摄到了北极光。

　　是夜，天空晴朗，繁星闪烁。一些摄影爱好者在船的后甲板上度过了前半夜，由于没有出现理想的北极光，等待拍照的人已寥寥无几。

　　由于年纪大了，我不能够像年轻人那样蹲守在寒风凛冽的后甲板，但我也要想办法在船舱里监测天空的变化，不放过拍摄北极光的机会。我住在第五层，透过玻璃窗或者去阳台上观望，我仍然可以有效地观测。后甲板就在第五层，要出去也是很快的。

　　不一会儿，就在阳台可见的天边出现了北极光。我高兴坏了，这不就是北极光送上门来了吗？我赶紧拍照。在天边北极光的下部，在一条山脊的上方，有一条红色的光带，一直维持了20分钟左右。

　　9月24日，我们来到了冰岛的一个小乡镇。不少队友都因一天的旅途劳累入睡了。是夜，天空断断续续地下雨，时大时小。根据我的判断，这是局部地区的降雨现象，总会有短暂的雨停时间，有极光出现的机会。

　　怀着一线希望，我把我的相机调到手动，使用变焦为25～600毫米的镜头，将参数调整为感光度3200，光圈2.8，曝光时间2秒。我耐心地守候在卧室的玻璃窗户前，仰望天空，等待着北极光的出现。

　　半个多小时后，在目光所及的一片繁星闪烁的天空中，北极光突然出现了。

　　我赶忙拿上已经调好的相机，跑出卧室，直奔北极光出现的方向。然而，这次出现的北极光很弱，时间也很短暂，1分钟后，一片乌云飘过，天空又下起雨来。和我一道赶来拍照的队友潘先生有点失望，很快回屋里去了。

我躲到一处屋檐下避雨，仔细看看周围环境，选择了一个拍摄的好地方：周围灯光较弱，能够避风雨并且具有能稳定胳膊之处。然后，我赶忙回到卧室，紧临玻璃窗，继续密切监测天空的状态变化，等待雨后露晴空的机会。

晚上10时30分，雨过天晴，繁星闪烁，极光现身了。我兴高采烈地带上相机飞奔出去，来到我之前选择的好地方，紧张地拍起照来。朦胧中，我好像看到有个人带着三脚架走到我的前面去拍照了。这次出现的北极光强度较大，持续时间约16分钟。我没有三脚架，仍然拍摄到了北极光。

童话世界
冰塔林

因为中国科学考察事业的需要，自1966年以来，我曾八次进入珠穆朗玛峰地区进行科学考察，其中于1966、1975和1980年春天前后三次进入珠峰北坡绒布冰川的冰塔林区域。你知道吗？进入珠峰冰塔林，宛如走进了安徒生的童话世界。

冰川与冰塔林

冰塔林是冰川的特殊现象。"冰塔林"这个名字非常生动地描述了这一现象。冰塔林就是在冰川中呈现出的一座又一座塔形的冰体,这种冰塔高低错落有致,远望宛如成林的冰塔。

你也许会问:是不是冰川都有冰塔林呢?不是的。冰川学家观测表明,世界上有很多冰川,仅仅在中国就有4万多条,但是有冰塔林的地方并不多。根据冰川学家统计,在中国形成规模的冰塔林屈指可数,一般认为,中国约有10个规模性的冰塔林。这个数目与中国的冰川数相比,显得非常稀少。

1975年,冰川地貌学家王富葆、王宗太、施雅风在《珠峰地区科学考察报告》中指出,大规模的冰塔林景象是仅位于中低纬度的喜马拉雅和喀喇昆仑山区的特殊冰川地貌奇观,而在纬度较高的昆仑山、祁连山,低纬度赤道附近的乞力马扎罗山和南美洲的安第斯山地区,尽管也有一些类似山岗状的冰丘陵或冰雪柱,但没有大规模的冰塔林出现。之后,中国科学院又组织天山山脉、横断山脉等地区的科学考察活动，发现在天山山脉地区的冰川中也有壮观的冰塔林。

可见，其他冰川地区是否还有冰塔林存在，需要冰川学家实际考察后才能够得出更完整的科学结论。

〉 冰塔林如何形成

　　为什么不是每条冰川都能够形成冰塔林呢？为什么珠穆朗
玛峰北坡的冰塔林会如此奇特壮丽呢？

珠峰海拔 6000 米左右的冰塔林

我在王富葆等人的研究文章基础上，结合我们在珠峰北坡的有关气象观测研究思考，认为要形成像珠峰北坡那样千姿百态的冰塔林，必须有三个条件。

第一，要有适当坡度的地形，才有利于冰川在运动过程中产生多种褶皱和断裂的状态，成为冰塔林的雏形。一般说来，坡度应在15°~30°。坡度超过30°甚至更大时，就形成瀑布冰川了，如贡嘎山的冰川瀑布。坡度小于15°，冰川则不会形成褶皱和断裂状态。

神奇的冰塔林仿佛把我们引入安徒生的童话世界

第二，在冰川消融季节，要有适当的太阳辐射和适当的太阳高度角（70°~80°），才能使冰面上的不同部位消融情况不同，尤其使冰面的低凹处接受较多的热量，消融强烈，才能逐渐形

北极斯瓦尔巴群岛上的冰川形似梯田，其地形坡度适宜形成冰塔林雏形，但因为纬度太高，难以形成冰塔林。

成高低错落的冰塔。如果太阳辐射太强，太阳高度角接近90°，那么冰面很快就融化了，冰面不同部位的融化差别就很小，不会形成高低错落的冰塔。

第三，在消融季节要气候干燥，冰塔才容易出现升华现象（即水由固态直接转化为气态）。而且，在冰塔雏形的不同高度上，风速差异大，才能使得冰体雏形不同高度上的固态转换为气态的量差异大。在冰塔上不同部位的消融量不同、升华量不同，就容易形成高低错落的奇特外观。

根据冰川学家和气象学家的观测，珠峰北坡海拔5300~6000米的区域，符合上述三个条件，即地形坡度在

15°～30°的范围内，冰川运动常常形成褶皱和断裂状态，为冰塔林提供了雏形；在春夏季节，太阳辐射强，且太阳高度角在70°～80°的范围内；冰面最高处的风速可比最低处的风速大2～4倍，冰塔雏形不同高度的消融差异，使得冰塔越来越高，形状越来越奇特。因此，珠峰北坡形成了壮观的冰塔林景象。

这三个条件中，第一个条件容易满足，但第二、三个条件就不容易满足了。比如，在纬度太低的地区，太阳辐射太强，太阳高度角太高，冰面很容易融化，冰面不同部位的融化相差不大，不易形成高低错落的冰塔林；在高纬度地区，太阳辐射太弱，高度角太低，也不易形成高低错落的冰塔林，而形成常见的冰川了。我与气象学家或冰川学家在交流过程中，形成了几乎一致的结论，在北极地区的冰川很难出现大规模的冰塔林。

绒布冰川

英文名：Rongbuk Glacier
面积：80 多平方千米
海拔：5300～6300 米
所属山脉：喜马拉雅山脉

三极
名片

壮观的珠峰冰塔林

　　1966 年 5 月下旬的一天，当科考工作和登山天气预报工作基本结束时，我陪同其他三位队友进入中绒布冰川海拔 5300～5600 米的冰塔林地区采集冰雪样品，与此同时，我尽可能地拍摄冰塔林的美丽风光。

　　我们刚刚到达珠峰北坡大本营时，就听过考察组长、冰川学家谢自楚夸耀冰塔林的美丽与神奇，他还半开玩笑地说："到了珠峰不去冰塔林，等于没有去过珠峰，就像到了北京不去长城等于没有去过北京一样。"这句话给我留下了深刻的印象。

　　这是我第一次进入珠峰冰川区，那里有着一种奇特的神秘感。我带着我的宝贝相机，紧紧跟随着曾到过这里的老队员，穿梭在神奇的冰塔林中。

　　当时 26 岁的我，年轻而好奇心强，在进入冰塔林后，仿佛置身于安徒生的童话世界中。几乎每走几步就有新的景观展现在眼前，刺激着我不断拍照，尽管那时胶片非常珍贵。那时，科考队员没有彩色胶片，我因为帮助国家登山队制作登山天气预报，才从登山队摄影组要到两卷彩色胶片，那是从彩色电影胶片中裁剪下来的。

当我们来到海拔 5400 米左右的地区时，一幅奇特的景象把我们吸引住了：冰塔林中出现一座孤立的、一人多高的骆驼状冰塔。一位队友马上骑了上去，另一位队友用冰镐做出"牵骆驼"的姿态，而我则举起相机为他们记录下了这一快乐瞬间。

队友与冰塔林中的"冰骆驼"合影

一座幽深的冰洞

约 1 小时后，我们来到海拔 5500 米左右的地区，一座幽深的冰洞吸引了大家。洞口的冰挂宛如蛟龙嘴边的龙须，也许是在欢迎我们进入吧。

　　在海拔5600米附近，一块巨大的近两人高的石头横压在冰塔上，冰川学家称之为"冰蘑菇"。一位队友说这冰蘑菇上的石头有可能是从侧面山坡上滚下来的。最令我惊奇的是，在一座山峰下，一大片冰塔林斜卧在山坡上，远望就像堆积了很多白色炮弹，又像是一座被清空了的笔架。

　　我们在冰塔林中野炊，吃了午餐，带新采集的冰雪样品，

东绒布冰川的"冰蘑菇"高达数十米

既像炮弹又像笔架的冰塔林

在晚饭前安全地返回了大本营。那宛如安徒生童话世界的冰塔林壮观景色深深铭刻在了我心中。

珠峰冰塔林历险

1975年春，我第二次来到珠峰北坡做科学考察。3月中旬的一天，中国科学院珠峰科学考察队突然给了我一个任务，让我带队去中绒布冰川，配合新华社和《中国体育报》的记者，拍摄科考队员在冰塔林中考察的照片，同时完成采集冰雪样品的任务。

早饭后，我们一行六人，带上冰镐、墨镜、登山结组绳、采集样品的器材和食品，向中绒布冰川区的冰塔林走去。科学考察队员有冯雪华、郎一环、姚建华和我。

在海拔5300米左右，我们进入了冰川区。我带领大家沿着1966年走过的路前进，沿途风光深深吸引了我们，尤其是第一次进入冰塔林的冯雪华、郎一环和姚建华。在接近海拔5400米时，面前一幅壮观的景象让大家不禁驻足观望：宽阔的冰湖在阳光下闪闪发光，冰湖被多座高高的冰塔林环绕，目测高差可达50米以上。记者们在这里为小冯拍摄了采集冰雪样品的工作照。郎一环也要我为他拍照留念。

在拍摄了三张考察工作照片后，新华社张记者又在冰塔林中穿来穿去，似乎在寻找最佳拍摄场地。我们只好紧紧跟随。

当地时间下午2时多，张记者好不容易找到了一处最佳拍摄场地。他严肃地望着我们，向大家讲解了拍摄主题：这是今天最重要的一张照片，需要表现的是科考队员在冰塔林中艰难行进，老队员（指我）在前用冰镐开路，工农兵学员冯雪华紧紧跟随，其他新队员在后面拉开距离跟进，做出不同姿势；近景是高大的冰塔，远景是雄伟的珠峰。我们环顾张记者挑选的这片冰塔林，的确非常壮观。

登山科学考察队部分队员

张记者指挥我们分别站好位置、摆好姿势后，对我说："你是老队员，在前面开路，要高举冰镐，猛地向冰上扎去。"大家按"导演"的意图摆好姿势，但高海拔地区缺氧，我的力气总是不够大，拍不出好的效果。直到我第四次挥镐扎冰，一张重要的工作照才拍摄完成。

这张照片拍摄完成后，朗一环因下午有重要会议，带着我们采集好的冰雪样品提前下山了。

全部拍摄任务结束已是当地时间下午4时左右，足足花去了近3个小时。大家都饿了，于是席地而坐，拿出各种罐头食品，吃完了晚到的"午餐"。

午餐后，在下山途中，大家一直被壮丽神奇的冰塔林风光所吸引。我沉迷于拍摄千姿百态的冰塔林风光，不知何时与两位记者走散了。我让姚建华和冯雪华原地等我，自己原路返回去找他们。我大声呼喊着他们的名字，但是除了冰塔林的"嗡嗡"回声外，一无所获。我在迷宫一般的冰塔林中绕来绕去，自己也差点迷路了。幸好我途中用石头做了记号，才回到了姚建华和冯雪华等待我的地方。

其时，已是下午5时30分了，中绒布冰川所在的山谷中已出现了阴影，我们必须赶紧返回大本营。

一开始，为了寻找拍摄场地，我们只顾在冰塔林中随意穿

梭，远离了平常的路线，加上没有及时用石头垒好路标，所以在返回途中，我们迷了路。我们在冰塔林中转来转去，一直转到下午 6 时 30 分，山谷中完全没有阳光了。

大家非常着急。为安全起见，我让姚建华和冯雪华原地不动，自己爬上近处的一座山脊，寻找返回大本营的路。忽然，远处传来大本营电台播送的音乐声，方向弄清楚了！我用手电筒的灯光向队友们发出信号，很快他们跟着爬上来了。接着，大家一起朝大本营的方向摸索前进。

在崎岖的冰塔林里，在昏暗的夜色中，走路很困难，唯一可依循的就是大本营的广播声和手电筒射在冰面上的反射光了。借助这些微弱的信号，我们时而翻山脊，时而踏冰川，在冰塔林中艰难行进。走着走着，迎面一座陡峭的土山忽然拦住了我们的去路。

此时，我有点着急了，心里的确没有把握。但为了不让队友们丧失信心，我独自带着登山结组绳从陡峭的山脊爬上去。

我真是又累又饿。借助手电筒的微弱光线，我手足并用地爬了 20 多分钟后，终于到达了山顶。举目四望，看不清什么东西。忽然，我听到山下有潺潺水流声，从方向判断，那正是我们来时走过的地方。我想，我们找到常规的登山路线了。

"找到路了！快上来！"我兴奋地向队友们喊。

我在上面帮助他们，在关键的陡坡处，将绳索一端扔到队友手中，拉他们一把。冯雪华实在太疲劳了，姚建华把绳捆在她的腰上，我竭尽全力把她拉了上来。循着流水声，我们很快找到了常走的登山道路，经过5个多小时的"急行军"后，终于安全返回了大本营。

走散的两位记者早已回到大本营，队里为我们留了可口的晚餐，大本营的队友饶有兴趣地倾听了我们的历险经过。郎一环政委在关心我们的同时，也告诫我说："今后可要注意啊！万一出了问题，我们如何向领导和其他队员交代啊！"我心里感激郎政委给我留了面子，没有在会上批评我们。

我回想这次冰塔林历险，教训非常深刻：进入珠峰北坡的冰塔林时，人们很容易被那里神奇的美景迷住，所以无论走到哪里，沿途一定要垒放石头，做好路标，这是必不可少的工作。

珠峰冰塔林在消失

　　1970～2009年，珠峰北坡地区气温上升了0.94℃。自1970年气象站建立以来，珠峰地区的年平均地面气温发生了突然变化：在20世纪70～80年代，气温明显偏低；而自20世纪90年代开始，特别是进入21世纪之后，珠峰地区地面气温迅速升高，比多年平均值高出0.6℃。这种地面气温的迅速升高，对珠峰美丽的冰塔林非常不利。

　　根据1966～2005年珠峰北坡冰塔林形态的变化情况，可以看出气候变暖对于冰塔林的严重影响。1966年、1975年和1980年，珠峰北坡的冰塔林非常壮观、美丽，自1990年起，冰塔林形态变化很大。1992年，海拔5900米左右的冰塔林融化后形成冰柱；2004年春季，海拔6500米左右的冰塔林消融显著；2005年春季，海拔5900米左右的冰塔林有的已经崩塌，冰湖也有部分融化，而海拔5300米左右的冰湖全部融化为淡水湖了。

1990 年海拔 6000 米左右的冰塔林美丽壮观

1992 年海拔 6000 米左右的冰塔林融化后形成冰柱

2004 年海拔 6500 米左右的冰塔林消融显著

2005 年海拔 5900 米左右的冰塔林部分崩塌，冰湖部分融化。

为什么珠峰地区气温升高会让珠峰冰塔林发生如此巨大的变化呢？冰塔林是中低纬度冰川中的特殊地理现象，其形成的主要原因之一与太阳辐射强度密切相关，而太阳辐射的差异又主要体现在气温的不同。珠峰地区气候变暖就相当于珠峰北坡的地理纬度降低了，慢慢接近低纬度地区的气温状况。因此，出现壮丽冰塔林的海拔高度会逐渐升高，海拔 6000 米以下的冰塔林融化加剧，将逐渐消失。

雅鲁藏布大峡谷

我有幸参与了 1982 年以来中国对雅鲁藏布大峡谷地区的历次主要科学考察，一点一滴的科学发现都会激起我对雅鲁藏布大峡谷的热爱。雅鲁藏布大峡谷具有独特的壮美景观和科学内涵，如果你了解它，你一定会爱上它。

世界第一大峡谷

　　雅鲁藏布大峡谷是雅鲁藏布江的下游河谷，位于青藏高原东南部。大峡谷的入口处位于西藏派镇转运站附近，海拔 3108 米，北纬 29°32′、东经 94°54′；出口处位于西藏墨脱县西让村，海拔约 500 米，北纬 29°2′、东经 94°53′。大峡谷全长 504.64 千米。

雅鲁藏布江是中国最长的高原河流

　　1993 年底，新华社高级记者张继民凭着新闻记者的敏感性，向地理学家杨逸畴建议，请他通过分析计算论证雅鲁藏布大峡谷是否为世界第一，但因杨教授科研工作繁忙，没有如愿。张继民立刻找到我，希望我说服杨教授。

　　1994 年 3 月初，杨逸畴教授根据地理学研究分析方法，使用 1∶50000 的地形图和航测地图，利用中国科学院科学考察中的资料，认真选择雅鲁藏布大峡谷的剖面数据进行计算分析，并将其与世界上其他著名大峡谷比较，最后根据描述大峡谷的三要素（深度、宽度和长度）比较结果，初步判定雅鲁藏布大峡谷是世界第一大峡谷。论证结果得到刘东生院士等科学前辈的认可。

高登义和刘东生院士、杨逸畴教授一起论证雅鲁藏布大峡谷为世界第一大峡谷

　　1994 年 4 月 17 日，新华社发布这一科学成果后，美国科罗拉多大峡谷的科学家提出不同意见，认为我们的论证资料不可信，理由是这些资料不是中国国家测绘总局测绘的结果。为此，中国科学院科考队在 1998 年秋季徒步穿越雅鲁藏布大峡谷的过程中，特邀了国家测绘总局的两位工程师随队，按照测绘学的要求，在大峡谷内设立了三个地球物理基准点，测绘了数十条剖面。经过室内分析计算，我们于 1999 年 4 月在北京人民大会堂举行新闻发布会，宣布了最新测绘结果，再次证明，雅鲁藏布大峡谷是世界第一大峡谷，是世界上最长、最深、最窄的大峡谷。

　　2003 年 11 月 3～4 日，中国和美国科学家召开会议进行讨论。我应邀报告的题目是《雅鲁藏布江下游水汽通道作用及其对自然环境和人类活动的影响》，在报告的 1/3 时间中，我利用中国国家测绘总局在 1999 年 4 月正式公布的测绘结果，给出雅鲁藏布大峡谷最新的长度（504.64 千米）、深度（平均深度 2268 米，最深 6009 米）和宽度（平均宽度 113 米，最窄 35 米）数据，确认雅鲁藏布大峡谷世界第一的地位，获得包括美国科罗拉多大峡谷两位科学家在内的与会代表的认可。

　　自此，主要位于中国境内的雅鲁藏布大峡谷是世界第一大峡谷的结论，得到了世界科学家的承认。

水汽通道的巨大影响

　　自 1966 年以来，我和我的同仁们多次赴青藏高原科学考察，多次为中国登山队攀登珠峰提供天气预报。在这些科学实践中，我们发现两个有意义的现象：其一，我们多次从卫星云图发现，夏季常有一条长长的云带自印度洋起，通过布拉马普特拉河－雅鲁藏布江下游河谷伸向青藏高原腹地，往往给青藏高原东南部带来大幅降水；其二，从亚洲植被分布图看出，布拉马普特拉河－雅鲁藏布江下游河谷是亚热带常绿阔叶林和常绿阔叶、落叶阔叶混交林带，与印度半岛西南海岸和中南半岛西海岸的植被相同，而与其东西北三侧的自然带截然不同。

　　根据这些奇特现象，我们认为，面向印度洋的雅鲁藏布江下游，很可能是印度洋暖湿空气输入青藏高原的通道，这条水汽通道的水汽输送作用很可能与青藏高原东南部特殊的自然环境有密切关系。为此，中国科学院南迦巴瓦峰地区科学考察队队长刘东生院士同意我的建议，设立"雅鲁藏布江下游水汽通道作用与青藏高原东南部自然环境关系"的课题，并将其作为全队科考研究的核心内容。

1983年6～8月，大气物理组在雅鲁藏布江及其支流帕隆藏布江、易贡藏布江流域建立了五个临时高空气象站，除了每天两次的无线电探空气球观测外，还增设了每天三次的等高平飘气球观测。

我们的观测分析表明，布拉马普特拉河－雅鲁藏布江下游的水汽输送通道，是青藏高原四周向青藏高原腹地输送水汽的最大通道，6～8月的水汽输送量与夏季长江南岸向北输送的水汽量相当。沿雅鲁藏布江下游的水汽输送到雅鲁藏布江大拐弯顶端后，大部分沿易贡藏布江河谷向西北方向输送，另一小部分则沿帕隆藏布江河谷向偏东方向输送。

综合南迦巴瓦峰科考队的其他科考成果，我们发现雅鲁藏布江下游的水汽通道，不仅改变了青藏高原东南部的气候特征，而且影响了该地区的自然环境和藏族文明的发展。

第一，水汽通道造就了世界上第二大年降水量之地。从印度洋来的暖湿气流经西南季风吹向布拉马普特拉河流域，在山地南麓的乞拉朋齐形成了世界上第二大年降水量（约10870毫米／年）。暖湿的水汽再沿雅鲁藏布江下游河谷向北输送，在中国西藏墨脱县西让村一带形成又一大降水带，年降水量达

8878 毫米左右。经过雅鲁藏布江大拐弯顶端后，500 毫米年降水量等值线可达北纬 32°附近，而在这条水汽通道西侧，500 毫米年降水量等值线的最北端仅为北纬 27°左右，两者相差约 5 个纬度。这就意味着，由于这条水汽通道的作用，等值的降水带可以向北推进约 5 个纬度。

第二，水汽通道造就了青藏高原的最暖区。在青藏高原东南部的雅鲁藏布江河谷地区，年平均地面气温位居青藏高原之冠。在雅鲁藏布江下游流域，年平均地面气温 20～25℃，而其西侧同纬度地区的年平均地面气温仅有 8～18℃，其东侧同纬度地区的年平均地面气温也只有 14～18℃。雅鲁藏布江中上游河谷也是相对的暖区。由此可见，来自印度洋的暖湿气流不仅带来强大的水汽输送，而且带来了温暖的空气输送。它们改变了青藏高原东南部的降水和气温分布，从而造就了青藏高原东南部特殊的自然环境。

第三，水汽通道推动气候带和自然带北移。在北半球，热带气候带和自然带的平均北界线为北纬约 24°。而在这条水汽通道上，热带气候带和自然带向北推移了约 5 个纬度。西藏墨脱位于北纬约 29°，是北半球热带的最北界。虽然墨脱比云南西双版纳偏北 5 个纬度，但那里却生长着与西双版纳相似的热带和南亚热带植物，高大的榕树、诱人的香蕉和野柠檬随处可见。墨脱年平均气温超过18℃，比中国东部同纬度的金华的气温高了不止10℃。

在墨脱的河谷森林中生长着桫椤、阿丁枫等热带植物

第四，水汽通道促进喜马拉雅山脉南北坡生物交流。在喜马拉雅山脉南北两侧，生物分布迥然不同。但山脉南北两侧的生物种群可以通过雅鲁藏布大峡谷水汽输送通道进行交流与混合，山脉南翼特有的植被类型及生物种类，可以经过这条通道分布到山脉北翼的通麦、易贡和帕隆等地。

第五，水汽通道影响了藏族文明史。根据藏学家多吉才旦和杜文彬2001年的研究，雅鲁藏布大峡谷水汽通道给青藏高原东南部带来优越的气候环境条件，在很大程度上影响了藏族文明的发展。雅鲁藏布江流域雅隆河谷地区的农业发展历程，是农牧业生产不断进步的历程，也是雅隆部落不断向外扩张的历程。雅隆文明取代象雄文明，实际上是农牧结合的生产方式战胜牧业生产方式。雅隆 – 吐蕃文明取代象雄 – 本教文明的统治地位，标志着西藏古代文明重心的南移，从此雅隆河谷成为西藏文明的中心。

三极名片

桫椤

分类： 桫椤目桫椤科桫椤属

别称： 龙骨风、七叶树、蛇木等

保护级别： 国家Ⅱ级保护植物

分布： 山地溪旁或疏林中

大拐弯知多少

　　中国地质学家研究表明，喜马拉雅山脉是欧亚板块与印度板块相互碰撞、挤压而抬升的结果，板块在抬升过程中形成了弯弯曲曲的峡谷。峡谷中，拐弯特别明显的地方称为"大拐弯"。大拐弯有时呈现圆弧形，有时呈现尖锐的三角形或四方形，有时又宛如圆形……大自然的鬼斧神工令人惊叹！

　　雅鲁藏布大峡谷到底有多少大拐弯，目前还没有人给出确切数据。不过，2019 年 10 月 29 日上午，我乘飞机从林芝到成都，巧遇好天气，透过飞机玻璃窗拍摄了一些大拐弯的照片，有的照片上能看见至少七处明显的大拐弯，还有一张照片上可以看到峡谷中一座不小的岛屿，就连八次赴雅鲁藏布大峡谷考察的杨逸畴教授也没有见过。

　　在地面拍摄的雅鲁藏布大峡谷的大拐弯，至少有扎曲大拐弯及其上游和下游的大拐弯。令人难忘的是雅鲁藏布大峡谷各大拐弯处云雾缭绕的美景，这些美景往往仿佛让人置身于仙境。

特别有意思的是，在扎曲大拐弯附近约 100 米处，就是非常美丽的帕隆藏布大拐弯。两个大拐弯如此接近，实属罕见。

扎曲大拐弯下游、墨脱附近的果果塘大拐弯呈圆形

从"极地"到"热带"

　　2005 年，《中国国家地理》杂志组织中国知名科学家评审出中国最美地方排行榜。其中，中国最美的十大峡谷之首是雅鲁藏布大峡谷。其中之一的专家评语是："就像藏传佛教中幻化缥缈的香巴拉圣殿一样，雅鲁藏布大峡谷对我们大多数人来说，是一个永远充满未知与期待的秘境。南迦巴瓦峰的雪霁云雾之下，是地球表面永恒的魅力之一。"

　　我根据自己六次赴雅鲁藏布大峡谷科学考察的切身感受，用"秀美""幽深"来形容雅鲁藏布大峡谷是恰如其分的。

　　雅鲁藏布大峡谷的自然景观可谓秀美甲天下。大峡谷不仅景色壮丽，还具有丰富的科学价值，它分布有地球上全部的自然带。在大峡谷中，无论是南迦巴瓦峰南坡还是北坡，人们在抬头与低头之间就可以欣赏到从极地到热带的风光。特别是当你从喜马拉雅山脉北侧翻越多雄拉山口到达墨脱的途中，你会亲身体会自然带景观的垂直变化，宛如从中国东北来到海南岛：高山冰雪带、亚高山灌丛草甸带、亚高山针叶林带、针阔叶混交林带、山地常绿半常绿阔叶林带……最后到达低河谷热带季风雨林带。风光的垂直变化会让你终生难忘。

从多雄拉山口下到墨脱县境内，大约需要行走三天。进入高山灌丛带，这里主要由154种常绿的杜鹃组成。就像画家的颜料瓶不小心倾倒了，那殷红、鹅黄、粉白、靛紫等各种颜料被随意地泼洒到碧翠的山坡上。高山杜鹃翠绿欲滴的叶片、娇艳无比的花朵，在蓝天、白云和雪山的映衬下，给人以强烈的心灵震撼。

再向下走不多远，便是高山、亚高山常绿针叶林带，这里又主要由冷杉和铁杉组成。郁郁葱葱的冷杉和铁杉高大挺拔，茫茫林海蕴藏着丰富的森林资源。

继续向下走，就进入了山地常绿、半常绿阔叶林带。高低错落、富有层次的球状树冠，有一种浓郁和浑厚感。林子郁闭阴暗，树上附生植物发达，一棵树干上竟会生出截然不同的几种叶片，而你却看不到树木本身的树叶。有人称这种树林为"苔藓林"或"雾林"。

进入低山、河谷季风雨林带，这里的季风雨林不同于赤道附近的热带雨林，它是在热带海洋性季风条件下形成的有明显季节变化的雨林生态系统。这里林冠参差，组成复杂，阴暗潮

海拔 4800 米以上
高山冰雪带

海拔 4300~4800 米
高山寒冻风化壳状地衣带

海拔 3900~4300 米
高山寒带草甸带

海拔 3600~3900 米
亚高山寒带灌丛草甸带

海拔 2800~3600 米
山地寒温带暗针叶林带

海拔 2300~2800 米
山地暖温带针阔叶林混交林带

海拔 1900~2300 米
山地准亚热带半常绿阔叶林带

海拔 1100~1900 米
山地亚热带常绿阔叶林带

海拔 1100 米以下
河谷准热带季雨林带

南迦巴瓦峰垂直自然带谱相对完整，为世界罕见。

湿，藤蔓交织，环境与中国的海南岛、西双版纳相仿。

这条路线是世界上山地垂直自然带最齐全丰富的地方，叶笃正前辈称赞这里是"全球气候环境变化的缩影"。

1998年春天，我们从排龙出发走向雅鲁藏布大峡谷最北的扎曲大拐弯，途中欣赏了河谷里形形色色的奇花异草，认识了许多新的植物。各种各样的大叶杜鹃花和小叶杜鹃花争艳齐放，令人流连忘返；奇特的兰花品种，也让人不时留驻；河谷中盛开着一片片的油菜花，空气中洋溢着野花椒、姜花的香味。还有一棵树上开出两色花朵的不知名植物、艳红而有毒的天南星、可以入药的十大功劳（一种中药）……令人仿佛坠入了花的海洋。

帕隆藏布江流域的野花椒

而雅鲁藏布大峡谷的幽深，是指其深而幽静。雅鲁藏布大峡谷不愧是世界最深的峡谷，当我穿越在无人区，特别是当我独自穿行于茂密的森林中时，幽静得令人感到孤独，甚至不寒而栗。此时如果突然遇到队友，那简直是惊喜万分啊！

人类对雅鲁藏布大峡谷的探索是无止境的。我们目前认识和发现的雅鲁藏布大峡谷的自然规律也不是一成不变的，更多奥秘，等着你去寻找，去发现。

三极名片

南迦巴瓦峰

英文名：Namjagbarwa Peak

位置：北纬 29°、东经 95°

海拔：7782 米

所属山脉：喜马拉雅山脉

亲近世界
最高峰

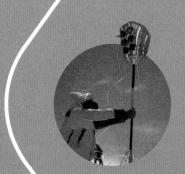

2020 年 5 月 27 日，中国 2020 珠峰高程测量登山队成功登顶珠穆朗玛峰。5 月 28 日，登山队安全返回珠峰大本营，成功完成对珠峰的高程测量。经过几个月的周密计算，2020 年 12 月 8 日，中国珠峰测量队公布测量结果。基于全球高程基准，中国和尼泊尔共同宣布珠峰雪面高程最新高度为 8848.86 米。

＞ 珠峰到底有多高

　　珠穆朗玛峰是世界最高峰，位于北纬 27°59′、东经 86°55′。珠峰历来为藏族同胞所崇敬，被尊称为"第三女神"。近两百年来，测绘科学家不断地测绘珠峰高程，但结果都不一样。这是为什么呢？一方面，测绘技术和手段在变化；另一方面，珠峰本身在不断地运动，它自身的高程也在变化。

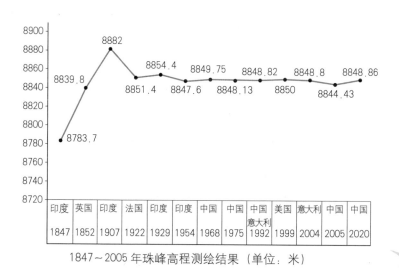

1847～2005 年珠峰高程测绘结果（单位：米）

　　自 1847 年以来，世界各国测绘珠峰高程至少有 12 次。1954 年之前，印度、英国和法国分别测绘了珠峰高程；1966～1968 年，中国、意大利和美国陆续测绘珠峰高程。1968 年之前，各国测绘珠峰高程时都没有在峰顶竖立测绘觇标，只有中国于 1975 年、2005 年和 2020 年分别在峰顶竖立了觇标。

　　你知道吗？要准确测绘珠峰高程，无论用什么测绘仪器或方法，都有三个关键点。其一，必须找到珠峰山体的最高点，并给测绘者以醒目的标记。由登山家在峰顶竖立觇标是最可靠的方法，因为觇标是合金三脚架，在三脚架的顶部有一个红色圆柱体，最高点非常醒目。其二，珠峰顶部有冰雪，必须知道顶部冰雪的厚度，才能求得珠峰山体的真实高度。其三，山体的高程是相对于海平面的高差，因此必须根据世界测量海平面高度资料来计算。中国是用东海海平面平均高度为基准面的。

　　1975 年珠峰顶部的冰雪厚度是由登山家潘多利用冰镐测量的，结果为 0.95 米。2005 年，测量人员利用微型雷达，测得珠峰顶部冰雪平均厚度 3.5 米。就两次测绘数据而言，2005 年测绘的珠峰高程比 1975 年的降低了 3.7 米。然而，根据 1975 年与 2005 年海平面高程变化，2005 年海平面高度升高了 0.7 米，再考虑到两次测量冰雪厚度的不同以及计算误差，2005 年珠峰高程实际降低了 0.42 米。

　　2020 年 5 月 27 日上午，中国 2020 珠峰高程测量登山队成功登顶珠峰，进行高程测量，于 5 月 28 日安全返回大本营。12 月 8 日，珠峰冰雪面最新高程正式公布：8848.86 米。这是迄今为止最完整、最精确的数据。

　　那么，未来的珠峰是会"长高"还是"变矮"呢？对此，我们还不能够轻易预测，一般说来，必须用相同的测绘方法与仪器，再经过多次测绘后才能够知道珠峰高程未来变化的趋势。当然，由于欧亚板块和印度洋板块一直在不停地运动、挤压，未来的珠峰高程一定是变化的。

珠峰峰顶

突击营地（海拔 8600 米）

3 号营地（海拔 8300 米）

2 号营地（海拔 7790 米）

北坳　1 号营地（海拔 7028 米）

前进营地（海拔 6500 米）

冰塔区（海拔 5700 米）

中转营地（海拔 5800 米）

大本营（海拔 5200 米）

珠峰北坡登山路线

2020 年，中国珠峰高程测量人员在峰顶竖立觇标。

〉"消失"的中国测绘觇标

1975 年 5 月 27 日，中国登山队在珠峰峰顶竖立了测绘觇标。1975 年 9 月 24 日，英国登山队的哈斯顿和斯科特登上珠峰后在日记中写道："我们忍受着极度的疲劳向顶峰走去，抬头一看，春天中国人竖立在世界最高峰上的三角架就在前头。我们忍受着一切痛苦，终于走到了它的身旁，三角架是我们登上世界最高峰的见证。"

1980 年 8 月 20 日，意大利登山家莱因霍尔德·梅斯纳尔单身一人登上珠峰，并曾在日记中写道："……走着走着，我抬头一看，突然，金属三角架已经展现在我的眼前，我惊喜若狂，这是世界最高峰的标记，是 1975 年中国人进行测量时设在这里的标记，是各国登山家们登上地球之巅的见证，它是我最忠实的朋友……"

由这两篇日记可见，国际登山家的记载让世界科学家知道，中国公布的珠峰高程是经过精确科学测量而得，是可信的。中国登山家竖在珠峰峰顶的测绘觇标已成为各国登山家登上顶峰的见证。

1975 年，中国竖立的觇标高 3.51 米。据报道，1982 年秋天，登上珠峰峰顶的登山家看到中国觇标依然兀立，但只有 70 多厘米高了。1988 年春天，中国、日本、尼泊尔三国登山队联合行动，分别从珠峰的南坡和北坡同时登上峰顶，他们没有看到中国觇标。

1975 年，中国登山队在珠峰峰顶竖立觇标。

中国觇标到哪里去了？被大风吹走了，被人为拔掉了，还是被冰雪掩埋了？这在当时引发了热议。我曾经回答记者："中国觇标不可能被大风吹走。因为 1975～1982 年，觇标已在峰顶竖立了 7 年，早已饱经冬季大风的考验，不可能被大风吹掉。

"被人挖掉的可能性也不大。1975 年以后，登顶珠峰的登山家们都把中国觇标视为最忠实的朋友，是他们登上珠峰的见证，不会去拔掉它。再说，在如此高的海拔地区，登山家们经过极度的疲劳征程才到达顶点，早已耗尽体力。

"最大的可能性是埋在峰顶的冰雪中了。从 1975 年 5 月至 1982 年秋天，觇标已插入峰顶冰雪中 2 米多，这已是事实。"

后来，我的推测被证实。

1999 年春天，美国登山队攀登珠峰。据说，美国登山队曾经与中国登山队达成协议，将尝试在登上峰顶后把中国觇标挖出来，美方可分得三脚架的一条腿，准备将其放在登山博物馆展览。

当登上珠峰峰顶后，美国登山队的确在挖掘的过程中见到了三脚架，但他们已精疲力竭，最终因体力不支而中止挖掘。

珠峰旗云的背后玄机

在中国，最早提出"珠峰旗云"的是中国科学院地理学界前辈徐近之先生。1950～1951年，他参加了中国科学院组织的第一次青藏高原科学考察，路过定日时，看见珠峰顶部有一条宛如旗帜的云带，将其命名为"旗云"。他指出，旗云是从珠峰东南面上升的潮湿气流和强烈的西风相遇时，山头出现的向东伸出的旗状云。

"旗云"一词的另外一个出处是藏族传说。藏族同胞崇敬"第三女神"，每年都要去珠峰北坡的绒布寺朝拜，献上心爱的哈达，乞求"女神"降福人类。传说每到月明之夜，最真诚的朝拜者的哈达会冉冉升起，移向珠峰的顶部，系在"女神"头顶，随风飘动，宛如挂在顶峰的一面旗帜，故名旗云。人们认为，那些挂在珠峰峰顶的旗云，正是若干年来无数真诚朝拜者的哈达所组成。

我在珠峰度过了八个春秋，仔细观测、记录和拍摄了珠峰旗云的变化，领悟到了一些"第三女神"的"旨意"，发现了旗云变化所蕴藏的科学奥秘。

珠峰顶部出现的旗云绝大部分是自西向东飘动，但当特殊天气系统来临时，旗云也会自东向西飘动。珠峰旗云是怎样形成的呢？根据多年观测研究，我发现珠峰出现旗云的条件至少有三个：一个孤立的山头，山头有生成云的条件，山头有较强的风。

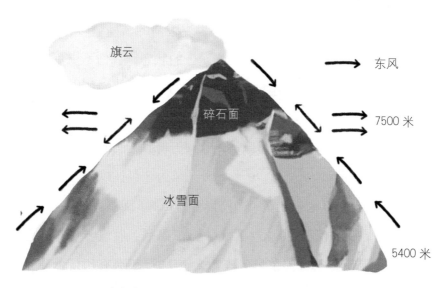

珠峰旗云对于攀登珠峰气象预报有重要意义

珠峰北坡海拔 7500 米上下的地表特征完全不同，7500 米以上主要为碎石表面，7500 米以下主要为冰雪表面，从而形成了局地的山谷风环流。在海拔 7500 米以上，日出后容易形成向上的谷风，把海拔 7500 米以下冰雪表面的水汽输送到珠峰顶峰附近，形成对流云，飘挂在峰顶。当高空盛行西风时，旗云自西向东飘动；反之，当高空盛行偏东风时，旗云自东向西飘动。我们还可以根据春季珠峰北坡的大气垂直分布状况，利用云生成高度的公式计算出，春季时珠峰北坡由山谷风形成的旗云高度在 8800 米左右，恰恰在珠峰峰顶附近。

珠峰峰顶上的旗云可称为"世界最高的风标"，对于短期天气预报有重要意义。通过珠峰旗云的状态，我们不仅可以知道当天的天气，而且还可以预测未来 1～2 天珠峰地区的天气状况。

若旗云自西向东急速飘动，且离开峰顶后云顶高度逐渐下降时，高空西风风速在 20 米／秒（风力 8 级）以上，当日不宜于进行 7400 米以上的登山活动；若珠峰顶部风吹雪显著，表明高空风速大于 20 米／秒，不宜于攀登；若旗云自东向西飘动，表明高空有偏东风气流，未来 1～3 天会有印度低压来临，带来大雪伴随小风的天气，一般不宜进行 7400 米以上的登山活动。

若旗云云顶起伏波动较大，且离开峰顶后云顶高度逐渐上升，表明高空风速为 5~6 级，可以进行 7000 米以上登山活动；若旗云宛如女孩的辫子翘起，表明高空风力 5~6 级，可以攀登；若旗云扶摇直上，表明高空风力很小，宜于攀登，但维持时间短，一般仅 1~2 天；若旗云慢慢向西南方移动，表明高空有弱的东北气流，珠峰地区受西风带高压脊控制，高空风力小于 6 级，且维持时间 3 天以上，是攀登珠峰的好天气。

风力大于 8 级时的珠峰旗云

为攀登珠峰做天气预报

　　1966 年春季，应中国登山队邀请，我兼任了中国登山队登山气象预报组副组长，开始为攀登珠峰做天气预报。1966～1984 年，我先后五次在喜马拉雅山脉地区为中国登山队做登山天气预报。我认为这项任务是挑战，也很有意义和乐趣。你能想象一下我是怎样做登山预报的吗？

　　1984 年春季，我独自一人来到南迦巴瓦峰大本营，制作攀登南迦巴瓦峰的天气预报。我既是预报员，又是填图员、观测员，身兼数职。从未来 3 个月的雨季起始时间、未来 5～7 天的中期天气到 1 小时内的临近天气，我的预报都比较符合天气实况，还有人称我为"登山天气预报的诸葛亮"呢！这个称号让我受宠若惊，我的内心还是很高兴的。

　　为纪念人类登上珠峰 50 周年，中国登山队拟于 2003 年 5 月 11～18 日完成攀登珠峰的纪念活动，由中央电视台进行同期现场直播。2002 年底，中央电视台邀请我在 2003

高登义在南迦巴瓦峰为中国登山队做登山天气预报

年5月作为《珠峰气象站》栏目的嘉宾，与主持人一起，向观众适时介绍有关攀登珠峰的天气气候知识。我答应了。

　　然而，随着时间的推移，我逐渐感觉到中央电视台实际上是要我做攀登珠峰天气预报的实况直播。我愕然了：世界上没有一个国家这样做，更何况这是难度很大的攀登珠峰天气预报！我深感难以胜任这项工作。

　　可是，机缘巧合之下，我再无法推脱。中央电视台社教中心负责人找我，表示："中国就只有您发表过三篇登山天气预报的论文，您不去，谁去呢？"我就这样被"逼上梁山"了。此时正值北京"非典"时期，我还不能提前去中央气象台看资料，真是孤立无援！

　　节目中，主持人问道："瑞士气象台预报，5月16～18日有宜于攀登珠峰的好天气，您意见如何？"根据中央气象台传来的5月8～10日的多种气象资料，我指出：5月16～18日的天气是否宜于登顶，现在还是一个悬念。

　　回忆之前攀登珠峰天气预报的成功经验与失败教训，我理出头绪：一方面，尽快从西藏定日气象站获得定日2003年5月1日以来的高空风资料；另一方面，向中央电视台要求，适时传来珠峰大本营拍摄的云资料。这些都非常有助于做攀登珠峰的天气预报。

　　幸运的是，两个方面的资料都顺利拿到了。从天气预报来看，5月13日是一个关键日。

　　根据定日气象站5月1～12日的高空风资料，我判断5月8～12日，定日7000～9000米的高空风速都小于20米／秒，是宜于攀登珠峰的好天气。根据自己在《攀登珠峰的气象条件和预报》论文中关于"5月攀登珠峰的好天气一般不超过5天"的结论，我心里有了数。

　　5月13日上午，我准时到达电视台演播室，获得了珠峰传来的云图。果然，珠峰南侧上空出现系统的卷云，预示2～3天内天气转坏。于是我预报：5月16～18日的天气不适合攀登珠峰。

2013 年 5 月 13 日，珠峰上空出现系统性的密卷云。

中国登山队前线指挥部李志新、王勇峰基本赞同我的预报，多次劝说登山前线队长次仁尼玛，希望他放弃5月16～18日的登顶计划，但队长次仁尼玛不同意。

对登山行动而言，5月15日是关键日。5月14日晚，海拔7028米的营地阵风8～9级，队员梁群的帐篷被刮破。王勇峰数次与尼玛次仁交流，终于说服了他。5月15日早晨，山上、山下的队员进一步沟通后决定，推迟登顶时间。5月18日上午，在《珠峰气象站》栏目中，我预测，5月21日开始有望出现宜于登顶的好天气。

5月21日上午11时40分，第一组队员五人开始登顶。高山摄像师不辱使命，架好微波发射天线后，传回来了清晰的珠峰画面。从传回来的画面看，峰顶阵风5～6级，是宜于登顶的好天气。登顶队员们先后在峰顶展开了五星红旗，世界登山爱好者通过电视直播见证了中国人再次站在了地球第三极。

登顶成功后，国家领导人于2003年5月21日致电祝贺，希望中国珠峰登山队保持荣誉，再接再厉，不断创造新的成绩。

直播时我的预报和瑞士气象局的预报完全相反，这对我而言是一次在全国人民面前的考验，只有通过天气实况来验证对错。结果证明，我的判断完全正确。你看，关键时刻还是要坚信自己经过科学计算得到的结果。

三极名片

珠穆朗玛峰

英文名：Qomolangma Peak

位置：北纬 27°59′、东经 86°55′

海拔：8848.86 米

所属山脉：喜马拉雅山脉